神奇的自然地理百科丛书

沧海桑田的见证——山脉

谢 宇◎主编

花山文艺出版社

河北·石家庄

图书在版编目（CIP）数据

沧海桑田的见证——山脉 / 谢宇主编. — 石家庄：
花山文艺出版社，2012（2022.2重印）
　　（神奇的自然地理百科丛书）
　　ISBN 978-7-5511-0662-7

　　Ⅰ．①沧… Ⅱ．①谢… Ⅲ．①山脉－中国－青年读物
②山脉－中国－少年读物 Ⅳ．①P942.076-49

中国版本图书馆CIP数据核字(2012)第248737号

丛 书 名：神奇的自然地理百科丛书
书　　名：沧海桑田的见证——山脉
主　　编：谢　宇
责任编辑：贺　进
封面设计：袁　野
美术编辑：胡彤亮
出版发行：花山文艺出版社（邮政编码：050061）
　　　　　（河北省石家庄市友谊北大街 330号）

销售热线：0311-88643221
传　　真：0311-88643234
印　　刷：北京一鑫印务有限责任公司
经　　销：新华书店
开　　本：700×1000　1/16
印　　张：10
字　　数：140千字
版　　次：2013年1月第1版
　　　　　2022年2月第2次印刷
书　　号：ISBN 978-7-5511-0662-7
定　　价：38.00元

前　言

　　人类自身的发展与周围的自然地理环境息息相关，人类的产生和发展都十分依赖周围的自然地理环境。自然地理环境虽是人类诞生的摇篮，但也存在束缚人类发展的诸多因素。人类为了自身的发展，总是不断地与自然界进行顽强的斗争，克服自然的束缚，力求在更大程度上利用自然、改造自然和控制自然。可以毫不夸张地说，一部人类的发展史，就是一部人类开发自然的斗争史。人类发展的每一个新时代基本上都会给自然地理环境带来新的变化，科学上每一个划时代的成就都会造成对自然地理环境的新的影响。

　　随着人类的不断发展，人类活动对自然界的作用也越来越广泛，越来越深刻。科技高度发展的现代社会，尽管人类已能够在相当程度上按照自己的意志利用和改造自然，抵御那些危及人类生存的自然因素，但这并不意味着人类可以完全摆脱自然的制约，随心所欲地驾驭自然。所有这些都要求人类必须认清周围的自然地理环境，学会与自然地理环境和谐相处，因为只有这样才能共同发展。

　　我国是人类文明的重要发源地之一，这片神奇而伟大的土地历史悠久、文化灿烂、山河壮美，自然资源十分丰富，自然地理景观灿若星辰，从冰雪覆盖的喜马拉雅、莽莽昆仑，到一望无垠的大洋深处；从了无生气的茫茫大漠、蓝天白云的大草原，到风景如画的江南水乡，绵延不绝的名山大川，星罗棋布的江河湖泊，展现和谐大自然的自然保护区，见证人类文明的自然遗产等自然胜景共同构成了人类与自然和谐相处的美丽画卷。

　　"读万卷书，行万里路。"为了更好地激发青少年朋友的求知欲，最大程度地满足青少年朋友对中国自然地理的好奇心，最大限度地扩展青少年读者的自然地理知识储备，拓宽青少年朋友的阅读视野，我们特意编写了这套"神奇的自然地理百科丛书"，丛书分为《不断演变的明珠——湖泊》《创造和谐的大自然——自然保护区 1》《创造和谐的大自然——自然保护区 2》《历史的记忆——文化与自然遗产博览 1》《历史的记忆——文化与自然遗产博览 2》《流动的音符——河流》《生命的希望——海洋》《探索海洋的中转站——岛屿》《远航的起点和终点——港口》《沧海桑田的见证——山脉》十册，丛书将名山大川、海岛仙境、文明奇迹、江河湖泊等神奇的自然地理风貌一一呈现在青少年朋友面前，并从科学的角度出发，将所有自然奇景娓娓道来，与青少年朋友一起畅游瑰丽多姿的自然地理百科世界，一起领略神奇自然的无穷魅力。

　　丛书根据现代科学的最新进展，以中国自然地理知识为中心，全方位、多角度地展现了中国五千年来，从湖泊到河流，从山脉到港口，从自然遗产到自然保护区，从海洋到岛屿等各个领域的自然地理百科世界。精挑细选、耳目一新的内容，更全面、更具体的全集式选题，使其相对于市场上的同类图书，所涉范围更加广泛和全面，是喜欢和热爱自然地理的朋友们不可或缺的经典图书！令人称奇的地理知识，发人深思的神奇造化，将读者引入一个全新的世界，零距离感受中国自然地理的神奇！流畅的叙述语言，逻辑严密的分析理念，新颖独到的版式设计，图文并茂的编排形式，必将带给广大青少年轻松、愉悦的阅读享受。

编者

2021年8月

目　录

第一章 北京市的山脉 ………………………………… 1

西山 …………………………………………………… 1

第二章 天津市的山脉 ………………………………… 6

盘山 …………………………………………………… 6

第三章 河北省的山脉 ………………………………… 7

苍岩山 ………………………………………………… 7

第四章 山西省的山脉 ………………………………… 9

一、五台山 …………………………………………… 9

二、恒山 ……………………………………………… 11

第五章 辽宁省的山脉 ………………………………… 15

一、千山 ……………………………………………… 15

二、凤凰山 …………………………………………… 17

第六章 黑龙江省的山脉 ……………………………… 20

一、大兴安岭 ………………………………………… 20

二、小兴安岭 ………………………………………… 21

第七章 吉林省的山脉 ………………………………… 24

长白山 ………………………………………………… 24

第八章　陕西省的山脉 ···················· 28

　　一、华山 ·························· 28

　　二、骊山 ·························· 32

第九章　甘肃省的山脉 ···················· 36

　　一、麦积山 ························ 36

　　二、鸣沙山 ························ 40

　　三、崆峒山 ························ 41

　　四、天山 ·························· 43

第十章　山东省的山脉 ···················· 46

　　一、泰山 ·························· 46

　　二、崂山 ·························· 56

第十一章　江苏省的山脉 ··················· 60

　　一、钟山 ·························· 60

　　二、云台山 ························ 61

第十二章　安徽省的山脉 ··················· 64

　　一、黄山 ·························· 64

　　二、九华山 ························ 72

　　三、琅琊山 ························ 73

　　四、天柱山 ························ 75

第十三章　浙江省的山脉 ··················· 77

　　一、雁荡山 ························ 77

　　二、普陀山 ························ 80

　　三、天台山 ························ 81

　　四、莫干山 ························ 83

第十四章 江西省的山脉 ·········· 85

　　一、三清山 ·········· 85

　　二、井冈山 ·········· 87

　　三、庐山 ·········· 89

　　四、龙虎山 ·········· 99

第十五章 福建省的山脉 ·········· 101

　　一、武夷山 ·········· 101

　　二、万石山 ·········· 104

　　三、太姥山 ·········· 106

　　四、清源山 ·········· 108

第十六章 河南省的山脉 ·········· 111

　　一、嵩山 ·········· 111

　　二、王屋山 ·········· 115

第十七章 湖北省的山脉 ·········· 118

　　一、武当山 ·········· 118

　　二、九宫山 ·········· 119

　　三、大洪山 ·········· 122

第十八章 湖南省的山脉 ·········· 124

　　一、衡山 ·········· 124

　　二、韶山 ·········· 133

第十九章 广东省的山脉 ·········· 135

　　丹霞山 ·········· 135

第二十章　四川省的山脉 ················ 137

一、峨眉山 ···························· 137

二、贡嘎山 ···························· 140

三、青城山 ···························· 141

四、西岭雪山 ························ 142

第二十一章　西藏自治区的山脉 ···· 144

珠穆朗玛峰 ························ 144

第二十二章　台湾省的山脉 ········ 148

阿里山 ······························ 148

第一章　北京市的山脉

◉◉◉◉　◉◉◉◉◉◉

西山

北京西山属太行山脉，是北京西部山地的总称。北以南口附近的关沟为界，南抵房山区拒马河谷，西至市界，东临北京小平原。面积3000多平方千米，约占全市面积的17%。

山脉走向由北向东，地势由西北向东南逐级减缓，西山全长约90

香山红叶

千米，宽约60千米。依次有四列山脉：东灵山—黄草梁—笔架山；百花山—髻鬌山—妙峰山；九龙山—香峪大梁；大洼尖—猫耳山。

山中植被多为次生落叶阔叶林及灌丛，煤炭资源丰富。其中百花山、东灵山、龙门涧等地已被列为北京市自然保护区。低山及山麓一带的上方山、香山、八大处、潭拓寺、戒台寺、石花洞、云居寺、十渡等地多名胜古迹，为京西著名游览地。

1. 香山

香山位于北京西北郊西山东麓，最高点是香炉峰，海拔575米，因峰顶巨石状若香炉而得名，进而人们也将此山称为香山。香炉峰还有个有趣的名字叫"鬼见愁"，形容其峰高耸难至。其实575米的高度在山脉的大家族中并不算高，但是由于周围地势平缓，山峰突兀而起，好似直插云霄，故而显得山高峰险。

香山占地面积约1600万平方米，金、元、明几代帝王都曾在此兴建各种亭台楼阁、离宫别苑。至清代，乾隆皇帝更是大兴土木。可惜在咸丰十年和光绪二十六年，香山的建筑景点先后遭到英法联军和八国联军的破坏。今日面目，均为解放后修葺所成。

著名的风景点有昭庙、双清别墅、鬼见愁、静翠湖、望蜂亭、西山晴雪、森玉笛、朝阳洞等。

当然香山最著名的还是红叶了，每到秋天，满山红衣，正可谓是"霜叶红于二月花"，美不胜收。但是由于游人的乱采乱摘，折枝事情常有发生，更有商人为了采摘红叶牟取暴利，不惜毁坏树木，故而红叶资源毁损严重。在游人密集区的红叶已经寥寥无几，使得不少人乘兴而来，失望而归。有关部门对此极为重视，采取多项措施加以保护，并增强宣传教育力度，香山红叶才有所好转，但仍没恢复到从前那样霜叶映面红的景致，只有在人烟稀少的山麓中红叶依然似火如霞，我们期待也相信香山红叶能早日恢复往日的繁盛。

关于香山红叶还有一个美丽的传说。很久以前，山下居住着一户善良的人家，家中一位老汉和其女儿相依为命。即使家里很穷，他们也热心救济周围的邻居。有一天，老汉在山上获得了一个聚宝盆，从此要什么有什么，生活不再窘困，邻居们也都过上了好日子。这件事被一个财主知道了，带了家丁来抢聚宝盆。如此宝贝怎么能落入坏人手里呢，老汉和姑娘带了聚宝盆往山里跑去。不知跑了多远，实在跑不动了，老汉将聚宝盆埋在一棵树下，便去世了。眼看财主就要追上来了，姑娘为了引开财主，继续往山上跑，鞋子丢了，衣服也被树枝划破了，鲜血淌下来染红了土地和树木。最后姑娘葬身在山谷之中。财主没有找到聚宝盆愤愤而去。第二天太阳升起，金色的阳光普照大地，人们举头望去，姑娘跑过的地方，血染过的山脉间的漫山树叶都变成了红色。埋藏聚宝盆的地方后来冒出了两眼清泉，传说就是今日"双清别墅"所在。

2. 百花山

百花山位于京城西郊，属太行山脉北端，主峰海拔1991米。森林茂密，名花异草、珍禽奇兽繁多，素有"华北百草园"和"天然动物园"之称。

百花山山势陡峻，山顶却地势平坦。山间风景独特，气候宜人，奇峰连绵，云雾迷离，泉水叮咚，溪水潺潺。主峰西侧，位于海拔1800米处，森林浓郁，山花繁盛，在林涛花海间可见一处四季不融化的万年寒冰，堪称一大奇观。除此之外还有"百花山草甸""百花山瀑布""万年冰肌""古树擎天""云顶日出""古石海""冰缘城堡""冰壁岩柱""云海升腾""晚霞映翠""七色玉带""金蟾拜月""蚂蚁山""白蟒长啸""松树长廊"等十八大景观。

山中有4种植被类型，10个森林群落，植物种类有130科、485属、1100种，动物种类有170种，其中有国家一级保护动物金钱豹、褐马鸡、黑鹳、金雕，国家二级保护动物有斑羚、勺鸡，市级保护动物有50多种。

百花山也是佛家胜地，每年都举办庙会，去赶过庙会的人一定会注意到药佛殿有一尊和尚像，盘膝而坐，似在沉思，微胖的脸上挂着笑容，这就是传说中的傻和尚。

传说，在现在北京市房山区

的柳林水村背后的北山上，有一座叫"圣米堂"的寺庙，住着三个和尚，一个师父带着两个徒弟。傻和尚是大徒弟，虽然傻，可烧香拜佛，敲钟打馨，打扫殿宇，拾柴背水，样样都干。就是吃得太多，三个人的饭不够他一个人吃，所以老和尚和小和尚经常挨饿，后来老和尚让他后吃。最后无论剩多剩少，傻和尚都不会吵，也不会抱怨，而且干活仍然任劳任怨，即使这样也得不到师父的体谅。

有一天，老和尚把傻和尚叫过去，说是他和小和尚要去化缘，让傻和尚看守庙宇。傻和尚问道："师父你出去了，我吃啥啊？"老和尚说："石洞里有一个窟窿，里边有大米，你吃那个吧。"傻和尚又问道："那烧啥呀？"老和尚不耐烦地说："烧啥！烧你的腿！"说完老和尚带着小和尚走了。

傻和尚看守庙宇，干了一天的活，晚上饿了，就想起师父临走时的交待，拿了葫芦瓢，到山洞石头窟窿去舀米。奇怪的事情发生了，瓢一伸进去，上边就哗啦哗啦地掉像大米粒似的白沙子。这下可把傻

和尚乐坏了，回到庙里，坐上锅，添上水，把腿往灶膛里一伸，就开始呼呼地烧饭了。时间不大，饭就煮熟了，拿碗盛上就吃。就这样，天天如此，傻和尚却不知道原来那白沙就是菩萨显圣赐给的圣米，那锅是个煮石成铁的宝锅。

快过年的时候，老和尚带着小和尚回来了，本以为傻和尚饿死了，可是一进庙，却大吃一惊，傻和尚不但没死，反而满面红光。傻和尚见到师父和师弟，满心欢喜，接过师父化来的粮，跟在后面走进寺庙。

老和尚听到傻和尚说的事情很是不信，做晚饭的时候便要傻和尚去取米，又让小和尚去偷看。果不其然，白沙子哗哗地流出，不一会儿就流了半瓢。然后傻和尚坐上锅，伸腿去烧。饭香四溢，老和尚和小和尚吃得狼吞虎咽，直打饱嗝。

老和尚想占那白沙和宝锅为独有，便起了歹心，想将傻和尚害死在山崖下。却万万没想到就在傻和尚落下山崖的时候，从半山崖开起一朵白云，上头出现一朵莲花，正好傻和尚落在莲花托上。随即莲花

升高，从老和尚头顶飞过，直奔百花山飞去。

千百载过去了，那圣米石堂和煮锅的传说一直流传到现在，明朝沈榜所著的《宛署杂记》上还记载着这个故事哩。

3．十渡

十渡位于北京西南部，以岩溶峰林、峰丛、河谷地貌为景观特色。谷壁陡峭，流水潺潺，石美潭深，被誉为"青山野渡、百里画廊"。

初春时节，万物复苏，山壁上蕨类植物生长，如同一把把小伞，山间百花争艳，香溢山川；盛夏峰

山清水秀的十渡

峦叠翠，碧波荡漾，阵阵山风送出凉意；深秋红叶似锦，柿坠枝头；寒冬山岭之间银装素裹，冰河如镜，冰柱晶莹剔透。一年四季皆有绝妙佳境，恰似一幅幅山水画卷。十渡的重要组成部分就是拒马河，它好似一条玉带蜿蜒迂回于山川之间，又穿山而过，与崇山峻岭交相辉映，相得益彰。乘舟行其间，如入仙境，是北方少见的喀斯特地貌景观。

十渡有8个植被型及32个群系，维管植物85科323属。其中属国家保护的植物有青檀、胡桃楸、穿山龙、野大豆；北京特有植物有槭叶铁线莲、多头苦荬菜等等。主要树种有栎、榆、山杨、山柳、核桃楸、青檀、水青冈等，还有五角枫、橡树、桑树、国槐、柏树等十几种二级古树名木。拒马河中有古老鱼种和繁多的水生动植物，其中，细鳞产颌鱼是古鱼类活化石。另外还有100多种野生动物。

第二章　天津市的山脉

◉◉◉◉　◉◉◉◉◉

盘山

盘山位于天津市蓟县西北部，被誉为"京东第一山"，同时又被称为"中国十五大名山之一"。初唐时，一直跟随唐太宗的大将李靖，迷恋盘山胜景，即使在当了兵部尚书后，他还是一再请求弃官到盘山养老。被准后，李靖在万松山舞剑峰下出家，修建了三间茅舍，这就是李靖庵，改建后名为万松寺。随后历代帝王与文人墨客纷至沓来，留下大量的碑文题刻。特别是清乾隆帝曾赞道："早知有盘山，何必下江南。"并在这里建造了规模宏大的行宫"静寄山庄"，御笔题诗镌刻山石之上。

盘山主要有5峰、72佛寺、13座玲珑宝塔。挂月峰为盘山主峰，海拔864.4米，上锐下削，峰上有唐建定光佛舍利塔，以挂月峰为中心，

前有紫盖峰，后有自来峰，东有九华峰，西有舞剑峰。遍布于五峰之中有许多怪石，经古人命名的有悬空、摇动、晾甲、将军、夹木、天井、蛤蟆、蟒石等。在飞瀑流泉的山上，春夏山花烂漫、桃李争妍，秋尽冬初则红叶尽染、苍松添翠，秀丽无比。故前人有诗云："盘山七十二佛寺，寺寺落花流水中。"

另外，盘山还有三盘之分：上盘以松取胜，中盘以石取胜，下盘以水取胜。

久负盛名的还有盘山柿子，果实大而无核，每个约230克左右，果皮橙黄，果肉黄色，味甜汁多，含有丰富的维生素。传说唐太宗李世民曾高度赞赏过这种柿子。

1978年，天津市人民政府辟盘山为风景游览区，1984年将其列为市级自然保护区，1990年将其评为"津门十景"之一。

第三章 河北省的山脉

苍岩山

苍岩山位于河北省石家庄市西南50千米处，是太行山之余脉，主峰海拔1117米。这里气候宜人，冬无寒踪，夏无酷热，温度适中，加上山高林密、悬崖峭壁，亭榭楼殿掩映在参天古木之中，成了风景优美、建筑奇伟的著名风景区和游览胜地。苍岩山上早期曾有过道教的活动，隋唐以后佛教势力逐渐强大，佛寺增多，明清时成为北方的佛教名山。

苍岩山原有志公寺、北寺和福庆寺。前两寺已毁，唯福庆寺存留至今。福庆寺原名兴善寺，相传始建于隋代，宋大中祥符七年（1014年）真宗大修之后敕赐"福庆寺"匾额，即更现名。

苍岩山山门建在山脚，门前溪流跨石桥。山门内之西侧为苍岩书院。苍岩书院建在危岩之上，这里下有泉水流淌、上有高林绕屋，前人诗曰："日光不到，忘晨夕，绝似丹青，小洞天。"沿山径前行，过力仙堂即进入谷底，在高六七十米南北对峙的悬崖绝壁上，跨架着单孔弧形石桥三座，其中，两座桥上建造了形制相同、大小有别的天王殿和桥楼殿。桥楼殿高耸险峻，构造精巧，为二层楼殿，殿内有壁画，梁上施彩绘，金碧辉煌。天王殿秀丽多姿，"殿前无灯凭月照，山门不锁待云封"的金字对联高悬殿门前，从涧底仰望，青天一线，桥楼凌空，宛如彩虹高挂，故称"桥殿飞虹"。更令人惊绝的是，由于空中彩云流动，好似桥殿也在跟着飘动，古人有诗赞曰："千丈虹桥望入微，天光云彩共楼飞。"循石阶攀登而上，可直达苍岩山顶峰，苍岩山之顶为一带平坦的台地，沿山谷成扇形展开，最高处名玉皇顶。这里景界开阔，极目瞭望，苍岩山的风光尽收眼底。

在苍岩山，你要问谁的名气最大，山里的人一定会告诉你是"妙阳公主"。与她有关的名胜古迹最多，说起来也最有趣。

福庆寺建筑群在一个三面围合的马蹄形的山谷之中，殿宇自山脚沿山谷两侧的半山腰延展，跨谷架岩布局极为巧妙。主殿为"公主祠"，构筑于西峰崖半，苍岩山十六景中的"虚阁藏幽"，便是指公主祠的景色。

公主祠建于金代，到现在有1000多年的历史了。原名"妙阳公主真容堂"。相传，隋文帝有小女儿名妙阳，排行第三，人称"三皇姑"，美貌聪慧，招人喜爱。一日妙阳身染风癣，百治不愈，夜梦佛祖相告，河北井陉苍岩山有一神泉，用泉水洗浴可愈。妙阳遂告别父母，来到苍岩山。一日睡梦中目睹帝释天尊发落亡灵，经天尊点化，决定出家。妙阳醒后，不久病愈，遂削发为尼。

公主出家是皇家之耻辱。妙阳公主在奔赴苍岩山途中，暂住南华寺时遇火灾，据说就是文帝为挽回帝王体面而密派太监所为。公主后被白虎救出火海，骑虎上了苍岩山。

文帝火烧佛寺，惹怒了天尊，便降灾皇宫，帝后满身皆生脓疮，久治难愈。一夜佛祖梦告，此疮需亲生女儿的手、眼熬制汤药，方可医治。长、次二位公主听说要献出手眼，皆不答应。三公主得知，毅然献双手双眼。帝后病愈，遂为公主于苍岩山兴建"兴善寺"（后改福庆寺）。

进福庆寺，溯涧拾级而上，过八仙堂后，半途路旁有一小庙，内塑公主骑虎上山坐像，名曰"跨虎登山"，描述的就是白虎火中救公主的传说。后人把南山崖半山洞取名"驯虎洞"，传说公主曾在此驯化老虎。老虎后来钻进苍岩山东峰一山洞，人们便将该洞命名为"老虎洞"。

由公主祠的西侧经过通天洞，就到了西峰顶部。此地景色优美，被人称为"世外桃源"。从此处下山，苍岩山的胜景基本上都领略了。

第四章　山西省的山脉

◉　◉　◉　◉　◉　◉　◉　◉　◉

一、五台山

五台山在山西省五台县东北部的崇山峻岭之中，以台怀镇为中心，有东、西、南、北、中五个山峰，再加上峰顶平坦宽广，因此称做五台山。主峰北台叶斗峰，海拔3061.1米。五台山与四川峨眉山、浙江普陀山、安徽九华山并称为我国四大佛教名山，五台山位列四山之首。

五台山的塔很有名。从北魏至

五台山之秋

今，有砖塔、木塔、石塔、玉塔、琉璃塔、水晶塔等。最大的高50多米，小的仅仅有5米高。五台山最古老的塔是南禅寺大殿内的中魏青石塔，最高的塔是"释迦文佛真身舍利宝塔"，俗称大白塔，是五台山的标志和象征。

五台山现有比较完整的寺庙95处。碧山寺建于北魏，明代成化年间重修，清朝再一次修建。庙分前后两院。前院有天王殿、钟鼓殿、毗卢殿、戒坛殿；后院有藏经阁，左右有经堂、香舍、禅堂、宾中等建筑。各殿内塑像完整，前院建筑

五峰环抱的五台山

多为单层殿堂，后院建筑均为重檐楼阁。

显通寺坐落在五台山中心区大白塔北侧、菩萨顶脚下，它是五台山佛教圣地中历史最悠久的一座寺庙，俗称"祖寺"。显通寺的前身，就是东汉永平十一年建的大孚灵鹫寺，它和洛阳的白马寺同为中国最早的寺庙，被列为全国重点文物保护单位。显通寺占地8万平方米，有殿堂楼房四百多间，中轴线上七座殿宇，无一雷同。寺门前的钟楼悬挂的万斤铜钟，是五台山寺庙中最大的钟，铸造于明天启年间，这口铜钟的钟声全山都能听到。

广宗寺是明代建筑，寺院大殿以铜瓦做顶，因而寺院又名"铜瓦殿"。寺院建成后，明武宗朱厚照亲题"广宗"二字，并请十一位高僧住寺弘法。

殊像寺在五台山台怀镇杨林街西南，是五台山五大禅寺之一，因寺内供文殊像而得名。始建于唐，明成化二十三年再建。阁内佛寺宽大，文殊驾驭于狮背，高约9米。两侧为悬塑五百罗汉，全部塑像都是明代制作。

在五台山的寺庙中，还有两座举世瞩目的古寺——南禅寺和佛光寺。它们是我国现存最早的木结构建筑，被国内外建筑学家称为"千年瑰宝"，在世界建筑史上占有重要地位。

五台山不仅是佛教圣地，而且也是抗日战争和解放战争时期晋察冀边区政府所在地。

五台山锦绣峰，位于台怀镇南12千米处。台顶海拔2485米，面积约13.3万平方米。台顶、山腰都被植物覆盖。位于台怀镇以北5千米的叶斗峰，台顶海拔3061.1米，面积达26.7万平方米，是五台山的最高点，也是华北地区的最高峰。台顶有一个面积达300多平方米的水池。翠岩峰位于台怀镇西北10千米，台顶海拔2894米，面积约13.3万平方米。

五台山不但风景秀丽，气候也奇特无比。最冷的地方，长年一直是坚冰；较冷的地方，9月积雪，第二年4月解冻。最暖的地方，一年四季气温平和，冬季不结冰。总体来说，五台山的气候比较凉爽，所以五台山又有"清凉山"的美誉。

二、恒山

恒山又名太恒山，亦称元岳、紫岳、恒宗，汉代曾称诸山，是五岳中之北岳。相传4000年前舜帝巡游四方至此，见山势气势雄伟，遂封为北岳。恒山主峰在山西浑源境内，海拔2017米，在五岳中高度仅次于华山。秦始皇时，朝封天下十二名山，恒山被推为第二山。

恒山东跨太行山，西衔雁门关，横亘于山西、河北两省，东西延伸数百千米，号称有108峰，是海河支流桑干河与滹沱河的分水岭。恒山山体呈东北、西南走向，山体北部便是桑干河北部的大同盆地，从大同南望，奇石突起，峡壁如削，山径崎岖，极为险要，尤其在浑源城南。山体主体部分突然断裂，分为东西两峰，东为天峰岭，西为翠屏峰，两峰之间形成断层峡谷，称金龙峡谷。两壁悬崖对峙，最近处不足10米，抬头仰望天峰一线，而谷底又有水流过，山高地险，是中原通往塞外的咽喉要道，自古为兵家必争之地。沿山脊不仅有内长城蜿蜒而上，还有宁武、雁门、平型关依山为倚，雄踞山巅，形成一道遮断南北的坚固防线，历代帝王多派强兵驻守，并在此造营垒、修工事、架吊桥、凿栈道。公元362年～395年间，北魏首位皇帝拓跋珪就曾在此凭借天险统一了北方各民族。北宋时期，为阻挡北方辽族南侵，名将杨继业子女在恒山一带把守三关，抵御强敌，当时的刀斧痕迹至今仍留在石壁上。

恒山主要景点集中在主峰附近，古有十八胜景，今尚存朝殿、会仙府、九天宫、悬空寺等十多处，另有天峰翠屏、断崖绿带、金龙峡谷、舍身崖、苦甜井、紫芝峪、悬根松、飞石窟、果老岭、虎风口等，以及金鸡报晓、玉羊游云、岳顶松涛、夕阳返照等美妙的特景奇观。

恒山主峰天峰岭在山西浑源县城南，海拔2016.1米，就山高而言，堪称五岳之冠。历来有"登泰山而小天下"之说，而泰山之高，较恒山还差480余米。

到恒山，必游朝殿、悬空寺、应县木塔和雁门关。

朝殿，又称恒宗殿、北岳殿，在恒山主峰天峰山巅，是恒山主峰现存寺庙中规模最大的殿宇。恒宗殿始建于北魏太武年间，后经历代修葺，至明代弘治十四年（1501）改为寝宫。寺院建在山间峭壁之上，院前是威严的山门，名崇灵门，恒宗殿为主体建筑，殿内有北岳大帝全身塑像。清代以前，历代均在河北曲阳县的北岳庙祭祀北岳圣帝。清顺治十七年起，以恒山之大殿为北岳庙，遂改祭于此，并称恒宗殿为北岳庙。

悬空寺，是一个奇特的建筑群，在山西浑源县城南，建于恒山金龙口峡谷西崖峭壁上，据《恒山志》载始建于北魏晚期。全寺有殿宇楼阁40间，于陡崖上凿洞穴插悬梁为基，楼阁之间有栈道相通，当地有民谣道："悬空寺，半天高，三根马尾空中吊。"道出了该寺的奇险。寺内还有各种铜铸、铁铸、泥塑、石雕等像80余尊，神态自然，栩栩如生。许多游者不禁要问，如此庞大的建筑物何以能够历经千余年沧桑而长久悬空呢？经过调查研究，专家学者们发现主要原因有二：首先，悬空寺并非完全悬

恒山悬空寺

空。悬空寺依山而建，从外面看是悬楼，但从楼内看，靠里是石窟，在窟内建屋造佛，这就使整个建筑有了靠头。其次，是横木的功劳。当地特产的铁杉木被加工成方梁，插入岩石中，石孔和方梁都是方形，不会转动，十分牢固。这种横木不仅屋脚下有，而且房腰和房顶上也都有，这样，楼阁虽悬空，但下有底托，中有牵拉，上有提拽，

便可纹丝不动。悬空寺建筑之奇巧，令世人称绝，成为最吸引游人的恒山胜地。

应县木塔，亦称佛宫寺释迦塔，在恒山南麓山西应县佛宫寺内，辽清宁二年（1056年）建。塔平面八角形，外观五层，夹布四级暗层，故实为九层。塔总高67.13米，底层直径30多米，是国内外现存最古老、最高大的木结构塔式建筑。塔内有

木制楼梯可达顶层，二层以上设置平座栏杆，人可凭栏远眺。此塔是我国古典建筑在功能和造型方面完美统一的典范。

雁门关在山西代县西北20千米的雁门山腰，自古是塞北高恒通往山西的要道。古时内长城依山势置九关，以雁门关最为雄伟壮观，故有"天下九塞，雁门为首"之说。现存关城为明洪武七年建，长约1千米，墙高7米多，有洞门三重，现尚存东、西、北水三门，墙垣损坏严重。关门内有战国时赵国边将李牧祠，遗存数块石碑，详细记载其屡败匈奴的战绩。明时雁门关为要塞，清以后始荒芜。

金龙峡谷为恒山两个相对峙的主峰翠屏山与天峰岭之间的一个深谷。峡谷两侧绝壁陡峭，峻岭摩天，峭壁上有李白所书"抖观"两字。谷底最窄处仅10米。浑河上源唐峪河在峡谷中左冲右突，夺流而出，宛若一条金龙疾驰而下，峡谷因而得名。从峡谷口溯流而上为石门峪，其东壁崖腰，有著名的"云阁虹桥"遗迹——云阁是古时在两岸悬崖上修筑的交通栈道，栈道间架设一条悬桥，名"虹桥"。今虹桥已毁，但在东岸悬崖壁上还可见到插横梁的石孔遗迹及雕凿在石壁上的"云阁"二字。

虎风口在恒山主峰，天峰岭山腰处，其左侧是直泄的山谷，右侧是高耸的悬崖，回环曲折，风从东南来时，以口为纳；风从西北来，以口为出；终日大风不止，即使在炎热的夏季，也是凉风飕飕，尤其是大风顺势旋回，形成呼啸之声，听来似虎啸山林，令人胆战心惊，故称虎风口。

果老岭，在恒山主峰天峰山虎口岭附近，是上下恒山的必经之路，岭上陡石为径，岩面光滑，上有许多暗红色的纵沟和一行行寸把深似驴蹄印的圆石坑。传说八仙之一的张果老，就是在恒山修炼成仙的，他骑一头日行万里的白驴，巡天度世，每当至此，由于坡陡路滑，便牵驴步行，天长日久，便留下了这些印痕。这当然只是动人的传说，但它给恒山增添了一分飘逸的灵气。

第五章　辽宁省的山脉

一、千山

千山，位于鞍山市东南17千米处，属于长白山脉，古称积翠山，又名千顶山、千朵莲花山。相传这里原有999座山峰，当地人民造了一座人工山峰以凑足1000座山峰，因此得名为千山。千山自古以来就有"无峰不奇，无石不峭，无寺不古"的美誉，并有一线天、天上天、夹扁石等景点200多处，素有"东北风景明珠"的美誉，被称为"园林寺庙山岳型风景区"。

千山地处北国，有北方诸山的雄伟奇特，也有南方诸山的灵秀。明代程启充在《游千山记》中说："兹山之胜，弘润秀丽，磅礴盘结，不可殚数。使在中州，当于五岳等。"

千山风景区以自然景观为主，以奇峰、古庙、岩松、怪石著称。天上天景区有喜神、三星（福、禄、寿）、财神、文昌帝君等以民神为主的殿堂——喜神殿、财神殿、文昌阁。

仙人台景区海拔708.3米，是千山的最高峰，有千山"庙高不过五佛顶，山高不过仙人台"的说

美丽的千山

法。仙人台上有一块巨石，石顶上是八仙的石像，中间刻有棋盘。

卧象峰的前面是著名的三十三层天。这些石阶特别宽敞，一步一层天，每登上一级台阶都有不同的风情。有诗为证："别有名天三十三，兴来拾级任登探。举头试望绝高处，一色苍茫接蔚蓝。"另外在33层天左侧峭壁上有凿刻的八步踪印，非常险要，一步紧似一步，因此得名"八步紧"，过此处时一定要小心翼翼向前。古人曾有诗赞道："绝顶苔青路未封，过来人已早留踪。要知吃紧为人处，一步何曾放得松。"

五佛顶上面基本都是沙子，泥土很少，其上寸草不生，如和尚光秃的头，故曰佛头让。它是千山第二高岭，也是千山唯一一个高岭游览区。五佛顶平均海拔520米，虽然上面寸草不生，但是历代有不少

千山山脉群

帝王都曾在此游览。

千山早在唐代就有宗教圣迹，现在还有祖越、龙泉等十二座寺观以及古塔、石碑、题刻多处。

祖越寺是千山五大禅寺之一，是在唐代修建的。祖越寺山门的两侧，是两块光绪年间立的石碑，上面刻有"天花乱坠""地涌金莲"八个大字。中会寺位于仙人台景区的五老峰山坡上，它是千山诸高僧开会、议事及讲经说法的道场，因此得名中会寺。中会寺始建于汉，后经唐、宋、元、明各代修建，现占地面积为527平方米。中会寺的天地楼是千山上唯一一座芜殿式庙宇建筑，天地楼是砖木结构，面积达21平方米，东西各有一座小门楼。千山五大禅林各不相同，其中大安寺最为奇特。大安寺位于海拔600米以上的"文殊""普贤"的谷坳之中，在五大禅林之中素以"雄旷"而著称。

无量观位于千山北沟，是千山年代最早、规模最大的一座道观，始建于康熙六年（1667年）。无量观

附近的景色十分优美："来到无量观，景点连成片，松塔石洞天，处处惹人恋，若想细观赏，须得一天半。"无量观建筑最优美的要算"西阁"了，它依山而建，环境十分幽静。清代吕翼文说它："潮月空山茗荑落，露风灵响海天高。"

五佛顶的普安观是千山海拔最高的一座道观。有东西两座殿宇，左为老君楼，里面供奉着道教玉清宫主人太上老君，两边为吕祖（吕洞宾）和全真教龙门派创始人邱祖；右边的是关帝庙，关帝庙里面供奉着忠义财神关帝君，关帝君两边是当地的保家仙黑妈妈和药王孙思邈。

千山的塔多为墓塔。无量观的塔就有玲珑塔、许公塔、八仙塔、葛公塔、祖师塔五座古塔。玲珑塔是千山最古老的建筑之一，建于唐代。八仙塔建于清康熙年间，高约10米，为六角七级精品花岗岩的密檐式宝塔，是无量观中为数不多的风景塔之一。

罗汉洞十分古老，它是由一个天然石洞稍加穿凿而成的，相传在唐代就有此洞。洞内有两排罗汉像，总共是十八尊，这些罗汉塑像各具特色，笑怒坐仰，出神入化。在罗汉洞的上方有"无根石"，它是由三块小石头支起一块大石头，上面刻有"无根石"三个字，据说无根石即是《红楼梦》中的贾宝玉，而旁边的小树则为林黛玉。

二、凤凰山

凤凰山，古称乌骨山、屋山、熊山等，唐朝始称凤凰山，位于辽宁丹东西北50千米，凤城东南3千米处，属于长白山余脉，面积216平方千米，最高峰攒云峰海拔836.4米。相传唐太宗慕名来游，山上凤凰起舞，太宗随即赐此山名为凤凰山。也有人说，因山势突兀峥嵘，如凤凰展翅，故以"凤凰"命名。

凤凰山高度虽远逊于华山，但奇险相似。如老牛背上的岭脊，光滑难行。逢冬日结冰积雪时，它便成了绝路，其奇险之情景，不亚于华山的苍龙岭。而天下一绝的栈道，开凿在上凸下凹的悬崖腰上，且向下倾斜，其奇险程度，也不亚于华山的长空栈道。

清幽的凤凰山

凤凰山分为西山、东山、庙沟和古城四大景区。西山景区景点最集中，其中"老牛背""天下绝""箭眼"等奇观世所罕见。由紫阳观出发游西山景区，有中路、东路和西路三条路可供选择。中路经斗母宫、碧霞宫、观音洞、凤凰洞、蚕娘柞、凤泪、灵仙洞等主要景点至罗汉峰，由罗汉峰西行，即可去箭眼。箭眼大若城门洞，相传是唐初大将薛仁贵征东时一箭射成的。此说虽类似神话，但也足以说明其雄奇。东路经朝真桥、三教堂、一品洞天、诵经台、观音阁、聚仙台、双龙背、仙人座等主要景点至烽火台，由烽火台西行，即可去箭眼。西路经斗母宫、忽必烈塔、裂石松、点将台、甬洞、凤舞松等主要景点至将军峰，由将军峰西行，又可去箭眼。一般说，游人登山以中路为最佳。由罗汉峰西去箭眼，沿途的主要景点有仙人过、凤舞松、将军峰、兔耳峰、参娘望夫、参娘洞、叠翠峰、姐妹松、老牛背、百步紧、三云台、天下绝等。穿过箭眼，便可循路下山。如果时间和体力允许的话，也可继续攀登，经怪石凌空、棋盘顶、神圣灵龟、通天桥、汇峰口等主要景点，至进云峰，再折回原路，于汇峰口循路下山。

凤凰山的山路，常时断时续，这种"绝处逢生"之妙是华山所缺少的。如遇此情景，万不可急躁，而应仔细探寻。当发现石隙内有铁环或石把手时，便应攀缘而进，待到尽头，便可充分品味到"柳暗花明又一村"的妙处。

凤凰山古建筑始建于南北朝时期的乌骨城，隋唐时建熊山城，辽代建三阳城。山上现存古建筑以宫观庙宇为主，其中以紫阳观、斗母宫、观音阁、碧霞宫和药王庙较为著名。紫阳观始建于明朝弘治初年（1488年），原名大宁寺。寺内主要建筑有正殿（三宫殿）、东西殿房和钟鼓楼等。殿下有四棵年逾五百岁的古松。斗母宫俗称"八只手"，建在观音洞前的观胜台上，始建于明代，清康熙、嘉庆年间和近代多次重修。观音阁建于紫阳观西南的百米高崖上，始建于明朝万历年间，后代多次重修。药王庙建在斗母宫右侧石崖下，有殿三楹，内奉药王孙思邈像。清乾隆十八年（1735年）重修，嘉庆、道光年间再修多次，近年又重建。

自清初起，即将每年农历四月廿八日定为凤凰山药王庙会。后来，此庙会又改为山会。每逢凤凰山山会，游者如潮，热闹非凡。

凤凰山地形复杂，气候适宜，水源丰富，野生动植物资源丰富。据调查，有各种植物千余种，野生动物百余种。

第六章　黑龙江省的山脉

◎　◎　◎　　◎　◎　◎　◎　◎　◎　◎

一、大兴安岭

　　大兴安岭是黑龙江和嫩江的分水岭，位于中国的最北部，北部和西部以黑龙江为界，与俄罗斯隔江相望。地理坐标为北纬50°05′01″—53°33′25″，东经121°11′02″—127°01′07″。南北长约1200多千米，东西宽约335千米，全区总面积为8.46万平方千米。其水土资源丰富，向东、向西共有大大小小的河流3000多条和500多个湖泊。由此形成松辽平原和呼伦贝尔、乌珠穆沁东西两大草原。

大兴安岭

大兴安岭最雄厚的资源就是森林，连绵不断的崇山峻岭多是绿色的王国，挺拔刚劲的落叶松、四季青翠的獐子松、傲然直立的白桦、似高耸入云的山杨、西伯利亚冷杉及黑桦、柞树、山榆、水曲柳、钻天柳、蒙古栎等，树木品种多达上百种。林地面积达7.3万平方千米，森林覆盖率达75%有余，林木总蓄积5.01亿立方米，占黑龙江省总蓄积的26.6%，占全国总蓄积的7.8%。

如此万顷林海怎么缺得了野生动植物的繁衍生息，"锦鳞在水，香菌在林，珍禽在天，奇兽在山"便是对大兴安岭生态环境的生动写照。在这天然的动植物园里生存着马鹿、驼鹿、黑熊、狍子、獐子、艾虎、雪兔、紫貂、猞猁、榛鸡、乌鸡、野雉、鸳鸯、黑嘴松鸡等珍禽异兽330多种；水貂、水獭等名贵皮毛动物及鳇鱼、大马哈鱼、哲罗、细鳞、鲇鱼等名贵水产品80多种。这里生长的野生植物有上千种，可药用的植物达300余种，如兴安杜鹃、党参、黄芪、铃兰、芍药、贝母、五味子、百合、灵芝、刺五加、龙胆草等等。其中有全国重点普查药材80余种。一年四季，山中色彩斑斓，组成一幅多姿多彩的恢宏画卷。

大兴安岭还蕴藏着十分丰富的矿产资源，有铜、铁、铝、磷、钛、钨、锌、钼、铅、石墨、玄武石、石灰石、油页石、水晶石、大理石、稀土等30多种矿物质。尤其盛产黄金，素有"金镶边"之称。

二、小兴安岭

小兴安岭是黑龙江干流与松嫩水系间的分水岭，介于北纬46°28′~49°21′，东经127°42′~130°14′之间。海拔约600米~1000米，宽100千米左右，长约400千米，面积13万平方千米。呈西北至东南走向，最高峰为平顶山，海拔1429米，分水岭两侧的斜面不对称，东北坡短而陡，西南坡长而缓。

小兴安岭矿产及野生动植物资源丰富，森林覆盖面积大，盛产兴安岭落叶松、红松、云杉。其中红松是东北的珍贵树种，小兴安岭南坡多是以红松为主的针阔叶混交林为代表性的森林，有"红松故乡"

之称。红松以其优良材质和多种用途而著称于世。红松树高可达30米～40米，材质松软，易于加工，不易开裂，是建筑的优良用材。树干富含松脂，种子含油率达70%以上。

小兴安岭属低山丘陵，地理特征是"八山半水半草一分田"。北部多台地、宽谷；中部低山丘陵，山势和缓；南部属低山，山势

美丽的小兴安岭

较陡。

小兴安岭属北温带大陆季风气候区。四季分明,年平均气温-1℃~1℃,最冷为1月份,-20℃~-25℃,最热为7月份,气温20℃~21℃,极端最高气温为35℃。全年≥10℃活动积温1800℃~2400℃,无霜期90天至120天。年平均日照数2355小时~2400小时。年降雨量550毫米~670毫米,降雨集中在夏季。干湿指数1.13~0.92,属湿润地区。

小兴安岭地区冬季严寒,年均温0℃左右,1月均温-25℃左右,7月19℃~21℃,无霜期100天~130天,年降水量500毫米~700毫米,多集中在6月~8月。年均相对湿度约70%,10℃以上活动积温2000℃~2500℃,广布岛状多年冻土与季节冻土,适合沼泽发育。

动植物资源:小兴安岭的森林、沟壑中,栖息着东北虎、马鹿、驼鹿、黑熊、野猪、猞猁、野兔、松鼠、黄鼬等兽类50余种,鸟类有榛鸡、雷鸟、中华秋沙鸭、金雕、啄木鸟、猫头鹰、杜鹃等220多种。山林内有野生药材320多

种,其中鹿茸、熊胆、麝香、林蛙油、人参、刺五加、五味子、三颗针、党参、黄芪、兴安杜鹃等十分名贵。小兴安岭还是山野果、山野菜的丰产区,有松籽、平榛、山核桃、山梨、山葡萄、猕猴桃、都柿、蓝靛果、草莓等山野果30多种;有蘑菇、木耳、猴头菌、刺嫩芽、金针菜、猴腿、蕨菜等已被采集利用的山野菜资源20多种,开发利用潜力巨大。在黑龙江水域,生长的鱼类有70多种,比较著名的有鲑鱼(俗称大马哈鱼)、鲟鱼(俗称七粒附子)、鳇鱼、鲤鱼、鲫花、鳌花、鳊花(俗称"三花"),哲罗、法罗、雅罗、胡罗、同罗(俗称"五罗")等。

矿产资源据:初步勘探,有金、银、铁、铅、锌、铝、锡等金属矿藏20多种,已探明的金属矿床、矿点达100多处,其中黄金储量居黑龙江省首位。非金属矿产资源分布更为广泛。有石灰石、大理石、玛瑙石、燧石、紫砂陶土、泥炭、珍珠岩、水晶石、褐煤等25种,矿点140多处。

第七章 吉林省的山脉

长白山

长白山，位于吉林省东部，人们都叫它白色的大山。这是因为吉林省的冬天特别寒冷，长白山地区1月份平均气温－20℃，而且冷的时间特别长，一年里有很长时间山上都盖着白白的积雪，于是，人们就把这冰雪的山林叫作"白色的大山"即长白山了。

长白山地区，一般海拔在1000米以上，白云峰高2691米，是吉林省最高山峰。长白山区多古火山锥和火山口，中朝边界上的长白山天

圣洁的长白山

池湖面高度达到海拔2150多米，为松花江之源。

长白山是东北名山，又是满族、朝鲜族文化发祥地。二百八十多年前火山喷发形成的长白群峰、天池、温泉和瀑布，以及林海雪原中的奇异动植物等，引人入胜。长白山区集安、敦化一带分别有古代高丽和唐代渤海国古迹多处，著名的集安将军坟，上下七级，高约13米，有东方金字塔之称。

长白山的范围很大，里边有大片的原始森林，还有数不清的各种各样的动物和植物。这里的森林尤其出名，人们都把长白山林区叫作"绿色的宝库"。长白山里有一种特有的松树，叫"美人松"。笔直的树干黄里透红，树枝伸出来，就好像人的胳膊一样，风一吹，枝条就轻轻地抖动，像是人在跳舞。远远看去，衬着云雾，托着白雪的"美人松"，就像一幅幅美丽的风景

长白山瀑布

画。那里的人常说：只要看到"美人松"，就算进到长白山了。长白山中的白桦树，木质又细又白，而且很硬，经过加工，可以代替金属制成齿轮。白桦树的树皮是白色的，剥下来的皮可以当纸用。长白山大森林里，除了数不清的树木以外，还有许多珍贵的药材，其中人们常说的"百草之王"人参就生长在这里。我国是世界上最早发现和使用人参的国家，从古代的时候起，我们就知道了它的用途。人参是一种高级补药，也能治许多种病。

到长白山游览观光，一定要去白头山天池。长白山天池为火山口湖，最深处384米，为我国第一深湖。登上白头山可以看到玉柱峰、白云峰、鹿鸣峰、天豁峰、龙门峰、华盖峰、梯云峰、卧虎峰和三奇峰，高耸入云，犹如一群列阵待发的英姿勃勃的武士。群峰之中，镶嵌着一泓碧玉般的池水，这就是天池。这里异常宁静，池水清澈见底。山峰在湖水中留下了自己的倒影，清晰得如同是生长在水中一样。

美妙的天池不知吸引了多少著名的画家、摄影家、作家、诗人和游人来游历采胜。据传说，天池原来是从天上落到人间的一面镜子。西王母有两个非常漂亮的女儿，从来没有人能够分辨得出这姐妹俩谁长得更漂亮。在一次蟠桃盛会上，太白金星送给西王母一面神镜，一照神镜，妹妹比姐姐长得美，姐姐十分生气，撒起娇来，一下子把神镜扔了下来。神镜落到人间，结果变成了白头山天池。

美丽的传说是有趣的，然而，

长白山山脉

天池的真正来历是白头山火山锥体形成以后，留下了一个漏斗形状的火山口，后来，火山口积蓄了很多水就形成了湖泊。

这里的天气变化莫测，刚才还是骄阳直射，突然间就会乌云蔽日，狂风大作，雷电交加，会下起瓢泼大雨来。有时则烟雾蒙蒙，下起牛毛细雨，忽然间又雨停雾散。这主要是由白头山本身的自然条件决定的。天池的水凉得刺骨，自古以来谁也没有在天池里见过游鱼的踪影。天池中虽然没有游鱼，可是却出现过"怪兽"的奇闻。据《抚松县志》记载，大约在一百年以前，有四个猎人上山打猎，当他们来到天池岸边的时候，看见天池里有一个怪物露出水面，这个怪物全身金黄，脑袋有铜盆那么大，上面还长着角，脖子很长，还长着胡须。它正在低头摇晃，好像在吸水。当猎人爬到半山腰的时候，只听到轰隆一声，回头一看，水里的怪物不见了。当时，猎人们都以为刚才遇到了"龙"。

1980年的8月下旬，白头山天池又传出关于"怪兽"的消息。据说一些游人连续几天都看到天池里有大型动物在水里游动，据说这种动物的头大如牛头，眼睛像乒乓球那么大，圆圆的，嘴向前凸，脖子细长，整个身子有牛那么大。1985年夏天，又有一些游人看见了"怪兽"。有人认为，这种"怪兽"很像英国尼斯湖中的尼斯菱鳍龙，可能是一种在6500万年以前生活在地球上的蛇颈龙的后裔。

也有人认为，这很可能是生活在天池附近的黑熊或者是水獭到天池中洗澡，结果被游人们误认为"怪兽"了。可惜，这些也都没有十分可靠的证据。而且，天池四周的地形也并不适宜上述动物的活动，"怪兽"体积也远比黑熊、水獭大。因此，这就成了一个至今未解的谜。

伫立湖畔，望着天池平静的湖面，古老的传说和最新的发现交织在一起，给白头山天池增添了神秘的色彩。如今来白头山天池游览的人，总是情不自禁地注视着湖面的动静，想看看到底有没有"怪兽"出现。

第八章 陕西省的山脉

一、华山

华山位于陕西华阴市境内，古称西岳，又称太华山，是我国著名的五岳之一。华山山名最早出现在《山经》和《禹贡》里，就是说早在公元前3世纪就有这个山名了。一般认为，华山的东西南北中五峰环峙，雄奇险峻，高擎天空，远远眺望，状似盛开的莲花，古代"华"和"花"通用，故名华山。华山主峰2154.9米，高度居五岳之首，山势险峻峭拔，群峰挺秀，自古来就以其险奇闻名于世，有"华山天下第一雄"的盛名。

对于华山的形成，记载和传闻历来很多，各个离奇玄妙，其中最流行的当数"巨灵劈山"说。此说云："华山本一山当河，河水过而曲行，河神巨灵，手荡脚踏，开

而为两。今掌足之迹仍存华岩。"就是说，华山与黄河北岸的中条山本来是连在一起的，被河神巨灵脚踏中条山，手托华山，分为两山，让黄河从中流过，注入东海。更奇的是这一传说有一个确凿的证据，这巨灵的掌迹至今仍留在华山东峰的岩壁上。峰东北为石楼峰，东壁有石髓凝结，黄白相间，宛如指掌，故称仙掌崖。因为这一美丽的传说，仙掌崖尤其惹人注目，更有古代文人墨客在此留下许多婉转动听、寓意深刻的诗句。

落雁峰，又名南峰，海拔2154.9米，为华山最高峰，似石柱直插云天。南峰为一峰二顶的驼形山峰，东为落雁峰，西为松桧峰。西顶之上，有仰天池，池水清澈，四季不竭，池旁石刻众多，妙点佳景，引人遐想。东顶之上有黑龙

华山云雾似仙境

潭，高山池潭别具神韵。登山顶极目远望，秦岭主峰耸立西南，渭北群山逶迤于北，中条、崤函环卫于东，八百里秦川尽收眼底。东侧有花岗岩球状风化形成的特殊地貌景观，几个馒头状山头间的平台处有一座三间两进的建筑物，依山据险，即有名的南天门。南面万丈悬崖，腰部有"长空栈道"，旁有木栏，下临深渊，栈道摇晃，极其惊险。栈道尽处，是"贺老洞"，相传为元代道士贺元希所凿，其下临深渊，惊险奇绝。距洞旁10米的崖

壁上镌有"金真岩"三字，每字大2米有余，笔法苍劲，技艺精湛。长空栈道、贺老洞和金真岩是华山顶峰的三大奇迹。

莲花峰，又称西峰，因峰顶石簇酷似莲花瓣而得名，是华山奇峰之一。山峰有一巨石，三面临空，绝壁千丈，其势如削，名冠群峰。莲花峰顶有翠云宫，亦称圣母宫，宫旁有巨石中裂，形如斧劈，故称斧劈石，传为神话故事《宝莲灯》中华山三圣母之子沉香劈山救母处。逶迤向北，岩壁空绝万丈，名

舍身岩，峰顶有石，名摘星石，登石四顾，星辰似伸手可得。

朝阳峰，又称东峰，因居华山之东，峰顶有朝阳台，可观日出景色而得名，是华山奇峰之一。峰北有杨公塔，塔东面有杨虎城将军亲笔书写的"万象森罗"四字。峰东侧小孤峰，峰顶平坦如台，名叫"博台"，又叫"下棋亭"，传说是陈抟老祖和赵匡胤下棋的地方。此峰还有甘露池、清虚洞等胜迹和鹞子翻身的险景。鹞子翻身是一块三面凌空上凸下凹的巨石，上垂一条铁链，游人必须双手紧握铁链，脚踏石窝，面壁挪步，到石崖尽头，两处互不相连的石罅断了去路，一根横木叉在石缝中，游人要像鹞子一样翻一个身才能迈上对面的峭壁，下到博台。

云台峰即华山的北峰，它的高度远在其他四峰之下，但山石峥嵘，三面环绝，白云缭绕，巍然独秀。峰顶地势较为缓和，依山建有庙宇。山顶与其南面的苍龙岭、五云峰、玉女峰等联成一道长岭，岭脊东侧是黄埔峪，西侧是华山峪，峪底与岭脊高差500米以上。人们巧妙地利用谷底和岭脊的有利地形，开辟了上山的道路。它是通往"天外三峰"的唯一险道，故有"自古华山一条路"之称。

玉女峰，又称中峰，传说秦穆公的女儿弄玉，爱慕吹玉箫的萧史，毅然放弃宫廷生活，跟随萧史到此隐居，故名玉女峰，又名神女峰。围绕这个美丽传说留下了许多胜迹，如玉女祠、玉女洗头盆、玉女室、玉女梳头台等。峰下西侧有一山间洼地，附近有许多独特名胜，如玉井、二十八宿潭、镇月宫、莲花坪、水帘洞等。玉井在镇月宫前，它虽是一口小井，直径不到1米，水深不到10米，但由于它上承细辛坪下的溪水，每逢雨季井

奇拔峻秀的华山

水四溢，经二十八宿潭，奔腾于东西两峰之间，形成千丈瀑布，奔流之处，中间为水帘洞，下为青柯坪。玉井东北的二十八宿潭，实际上是洼地上的28条石沟，形状奇特，口小腹大，"自南而北，状若串珠"，因28上应天上星宿，故称二十八宿潭。

总的来说，登华山自古只有一条路，华山脚下的玉泉院是登山的起点。由玉泉院出发，顺着清凉的山泉而上，经五里关、石门、莎罗坪、药王洞、毛女洞、云门到青柯坪。坪东有一巨石，叫"回心石"，正处于华山第一道险境天井下，只见高崖悬垂，崖壁上有大裂缝如槽状，从石缝处仰望，有如井底观天，其尽头有铁盖，一旦盖上，登山道路就堵死了，因此有"太华咽喉"之称。北行一里，又有一险，名叫百尺峡，亦叫百丈崖，两壁高耸，中央一块巨石，人从石下过，惊心动魄，抬头望去，石上刻有"惊心石"三个大字。出峡再过仙人桥、俯渭崖、车厢谷、黑虎岭等小险处，就来到了登山第三道险关——老君犁沟，这是夹于

陡峭石壁间的一条沟状险道，沟深不可测，传说古代太上老君到此见无路可通，夜遣青牛犁成此沟，作为登山通道。沟的尽处是被称为"猢狲愁"的陡峭崖壁，再向前进，就到了北峰云台峰。从北峰继续前进，就到了华山的第四险关——擦耳崖，这里坡陡脊窄，在岭脊旁的陡坡上开凿出宽不足尺的小道，攀山者必须面壁挽索，贴身而进，常有擦耳的情况（观临崖已筑护栏），再经上天梯、日月崖等险道便是著名的苍龙岭，它是通往华山东、南、中、西诸峰的必经险道，长不足1千米，宽仅1米左右，两边是万丈深渊，奇险令人却步。

华山自古是道教活动中心，相传道教始祖老聃曾到过这里。自汉代以来，不少名道隐士在华山居住过，喜欢和他们交往的文人高士多来此游览，如李白、杜甫、王维、崔颢、韩愈、贾岛等，并留下了优美的诗文。韩愈在《答张彻》中有"依岩睨海浪，引袖拂天星。悔狂已咋指，垂诚仍镌铭"之句。李白没有以惊险的感受来写华山，而是以雄壮的胸怀和丰富的想象来赞美

华山："西岳峥嵘何壮哉，黄河入丝天际来。"

华山的植物资源丰富，属针叶林、落叶阔叶疏林区，据不完全统计，各种植物有200种以上，100多属，近80科，主要有华山松、油松、橡树、核桃树等。

二、骊山

骊山是秦岭山脉的一个支脉，位于西安东20千米处，最高海拔1200多米，因满山一片苍郁，远远望去像一匹青色的骊马，因此得名为"骊山"。骊山是中国名山之一，这里林木众多，森林景观独具特色，有千亩侧柏林。骊山山势峻峭，断层地貌别具一格，中华上下五千年在骊山留下了很多烙印。相传在洪荒时代，这里就是女娲"炼石补天"的地方，西周周幽王"烽

云雾笼罩中的秦岭诸峰

火戏诸侯"的闹剧也在此发生。骊山古迹遗址星罗棋布，历史文化博大精深，有很多皇家离宫别苑，特别是唐玄宗与杨贵妃的离宫更是别致。骊山的地热温泉也极具魅力，"骊山云树郁苍苍，历尽周秦与汉唐。一脉温汤流日月，几抔荒冢掩皇王。"郭沫若先生的这首诗恰到好处地向人们讲述了骊山的历史，现在这里已经成为一处旅游胜地。

骊山东西绣岭分界于石瓮谷，石瓮谷是骊山东西绣岭之间一处秀丽幽深的峡谷，沟宽谷深，两边都是悬崖峭壁，古人形容东西绣岭是"绿阁在西，红楼在东"，形象地描绘出了东西绣岭的不同。石瓮谷很深，蜿蜒曲折，形状很像一个石瓮，因此得名为石瓮谷。这里最奇险迷人，又传说是八仙上天入地的通道，因此也叫作"登天道"，有一天门、二天门和三天门等。谷首有一个悬崖峭壁，壁石红斑点点，好像人的鲜血洒在上面，因此这个悬崖被称做舍身崖。石瓮谷中还有一座长5米、宽2.4米、高5米的单孔石拱桥，这就是遇仙桥。站在桥

上，可以观赏骊山优美的景色。石瓮谷遇仙桥下面，有一块高5米左右，上小下大，状如秤砣的大石头，千百年来，无论遇到怎样的磨难，它都屹立不动。传说此石即是"二郎神杨戬"称骊山的秤砣，所以此石被叫作"骊山秤砣石"。

在东绣岭上有一个石槽就像瓮一样，泉水注入瓮中，如果水溢出来则会成为瀑布，等到瀑水力竭时，而恰好瓮中的水又一次满溢，瀑布便又一次形成，又一次飞流而下，然后再形成瀑布，形成三级瀑布，令人赞叹不已。在石瓮北侧有个十八盘石阶，石阶之上便是唐代名刹石瓮寺，是骊山东绣岭的佛教名刹，由唐玄宗命名并亲笔题寺名，石瓮寺由此成为皇家佛刹。从石瓮寺西侧、南侧，迤逦而上，就到达了周幽王与褒姒避暑的举火楼的遗址，此处也是周幽王举烽火戏诸侯的地方。当年周幽王为了博褒姒一笑，烽火戏诸侯，以致后来敌人真的来了，他再举烽火，诸侯也不相信他的信号了，从而丢掉了自己的国家。

从石瓮水潭所在的地方攀缘西

行就到了鸡上架，这里是从东绣岭通往西绣岭的一段险道，游人到了此处，必须手足并用，才能盘旋而上，姿势如同鸡上架一般，因此这一段险途就得名为鸡上架。山上有一个长300厘米、宽92厘米、高56厘米的大石槽，相传是唐时驯鹿饮水的地方。

骊山西绣岭第二峰上有一座庙宇叫作老母殿，这座庙宇在历史传说中是为了纪念中华民族的创造者女娲氏而修建的。传说女娲"抟黄土做人"创造了人类，三皇五帝都是她的子孙，女娲又在骊山炼石补天，劳苦而功高，后世人便尊她为"骊山老母"。女娲氏死后，人们将其葬于骊山的南面，并且在骊山上修建庙宇纪念她。每年的农历六月十三日，当地人们便会携带床单与干粮，夜宿骊山，祭祀老母，这个风俗现在依然流传在民间。

位于骊山西绣岭老母殿南侧的是始建于1992年的明圣宫，它是台湾道教徒、著名的爱国人士颜武雄等人为报答映登仙祖保佑之恩，捐钱修建的一座大型道观。明圣宫占地约4万平方米，共有殿堂房屋300余间，宫内有三清殿、仙祖殿等景观，分别供奉着道教的三清始祖、四御天尊、三官大帝和映登仙祖等。它是我国少有的大型纯木古建筑群，是西北规模最大的道观。神像用的则是江西小叶重樟木，整个建筑风格为明清风格。

骊山山腰还有一座老君殿，原本是敬奉老子的地方。老君殿下面是三元洞，这几孔清静幽雅的空洞里奉祀着道教所尊的"天宫、地宫、水宫"三元，这里最奇特的地方是洞内有五个茶杯口粗细的天然通风圆洞，因为骊山属于大倾角断层岩，断层之间的空隙遥遥相通，于是形成了自然的风洞，成为骊山一大自然奇观。山腰上还有一个不起眼的小石洞，这就是西安事变中蒋介石的藏身之所，洞边有一座小亭子，是当年张学良、杨虎城两位将军兵谏蒋介石联共抗日的地方，因此这个亭子叫作兵谏亭（过去称"捉蒋亭"）。

骊山温泉居中国温泉之首，《古迹志》云：（骊山）"崇岭不如太华，绵亘不如终南，奇险不如龙门，然而三皇传为旧居，娲圣既其出治，周、秦、汉、唐以来，多游幸离宫别馆，绣岭温汤竟成佳境。"骊山的水色清澈，水温宜人，因此周、秦、汉、隋都在此地建过离宫。开元年间，唐玄宗在此建立了规模宏大的华清宫，华清宫的亭台楼阁从山脚一直排到山顶，同时还设置了许多政府部门和公卿府第在这里。温泉池也大大增加，皇帝、后妃、百官不同的身份有不同的汤池，除了唐玄宗所用的九龙池和杨贵妃所用的贵妃池以外，还有常用的汤泉16所。华清宫内的汤池用美玉宝石镶砌，汤池中央有雕刻的玉莲花，温泉水从莲花中喷出，优雅而高贵，显示了皇家的与众不同。但其"穷奢极欲，古今罕匹也"，唐代陈鸿在《长恨传》中说："时每岁十月，驾幸华清宫，内外命妇，熠耀景从，浴日余波，赐以汤沐，春风灵液，淡荡其间。"在刻画玄宗铺张扬厉的奢靡后面，隐含着委婉的讽刺。在安史之乱中，大部分宫殿已被叛

美丽的骊山密林

军烧毁，现在华清池是经过重新修缮的。

秦始皇陵位于骊山北麓，是全国重点文物保护单位。骊山在1956年就被国务院公布为重点文物保护单位。1987年，联合国教科文组织将秦始皇陵列入世界文化遗产保护名录。陵墓规模宏大，分为内外两城，内城方形，外城长方形。陵园南部是墓葬区，现在的墓冢呈四方锥形，底部南北长515米，东西宽485米，高55米。墓内设有种种机关，有众多的珍品陪葬。但目前没有挖掘。

第九章　甘肃省的山脉

一、麦积山

麦积山，位于甘肃省天水市麦积区境内，又名麦积崖，是秦岭山脉西端小陇山的一座独立山峦，山高142米，形状似圆锥体，就像是农家的麦垛，因此被人们称为"麦积山"。

麦积山地处秦岭西南侧，受东南湿润气候影响而植被茂密，山峦叠翠，群峰耸峙，风景优美，尤其是烟雨笼罩之际，犹如进入海市蜃楼的幻景，被称为"麦积烟雨"，为古秦州十景之首。麦积山处于丝绸之路上，从北魏开始开凿石窟造像，是有名的石窟艺术宝库。

麦积山风景秀丽，分为麦积山、仙人崖、石门三个景区，分别以麦积烟雨、仙人送灯和石门夜月等景色闻名。

麦积山石窟是我国四大著名石窟之一，也是闻名世界的艺术宝库。据历史记载，麦积山石窟是从公元384年到公元417年的十六国后秦时期开始凿窟造像、创建佛寺的，初名无忧寺，后称石岩寺。后来经过北魏、西魏、北周、隋、唐、五代、宋、元、明、清等十多个朝代的不断开凿、重修，遂成为我国著名的大型石窟群之一。大约在唐开元二十二年（734年），天水一带发生强烈地震，崖壁中间洞窟塌毁，整个窟群开始分为东崖和西崖两部分。东崖现存洞窟54个，西崖现存洞窟140个。在这194个洞窟中，共保存了我国自公元4世纪末到19世纪初的各代泥塑、石雕7200多件，壁画1000平方米，是丝绸之路上的佛教圣地。

麦积山石窟的惊险陡峻，在我

国现存石窟中是罕见的。石窟的布局、规模独具匠心，颇有特色。洞窟大都开凿在二三十米乃至七八十米高的悬崖峭壁上，层层叠叠。最大洞宽30多米，最小洞窟仅能容身。洞窟之间全靠架设在崖面上的凌空栈道连接。人们攀上蜿蜒曲折的凌空飞栈，惊心动魄。工程的艰巨和宏大，充分显示了我国劳动人民高超的创造才能和坚忍不拔的毅力。

麦积山的塑像，大的高达十五六米，小的仅十多厘米，系统地反映了我国泥塑艺术发展和演变的过程。泥塑大致可以分为四类：第一类是突出墙面的高浮塑；第二类是立体的圆塑；第三类是粘贴在墙面上的模制影塑；第四类是壁塑。这四类作品，尽管表现方法和塑造技巧各有不同，但大都栩栩如生。数以千计的与真人大小相仿的圆塑，极富生活情趣，被视为珍品。塑像多采用"以形写神"和"形神兼备"的传统手法；上彩不重彩，或者直接

远望麦积山

用泥表现质感；精巧细腻，神采飞扬，富有浓厚的生活气息。东崖的泥塑大佛，体态丰满，面孔慈祥，高达15米多，建于隋代，已有1400年多的历史。大佛头上15米高处有座七佛阁，为我国典型的汉式崖阁建筑，建在离地面50米以上的峭壁上，开凿于公元6世纪中叶。在七佛阁的天花板残存的壁画中，有一车马人行图，造型独特，从不同角度看，画上的马所行走的方向亦不同。阁内的彩塑力士像，肌肉健美，形态威武，塑于北周，宋代又重修。这些作品都充分体现了我国古代雕塑艺术的独特风格。

麦积山石窟虽以泥塑为主，但也有一定数量的石雕和壁画，数量虽少，但那生动优美的艺术形象和精细巧妙的构图布局，以及熟练的制作技巧，在我国现存南北朝同期作品中也是非常突出的。

在我国著名的石窟中，以麦积山石窟周围风景最为秀丽。这里地处秦岭余脉西端，气候冬暖夏凉，不远处就是汉水的源头，因而山清水秀，空气清新。山上密布着翠柏苍松，花草茂盛。石窟开在这种天然公园般的"洞天福地"，为国内少见。攀上山顶，极目远望，只见重峦叠嶂，青松似海。

麦积山还流传着不少动听的传说。相传在南北朝时期，西魏的第一个皇帝魏文帝娶乙弗氏为皇后。魏文帝建国不久，想征东魏。为了稳住北方的柔然国，用相亲之计，废乙弗氏，娶柔然国王之长女，立为后。乙弗氏愤然削发为尼，后去秦州投靠太子。但文帝又有追悔之意，后致柔然国举兵来犯，文帝只得派遣使者去秦州，令乙弗氏自尽。太子凿麦积崖葬母，号寂陵。后来，文帝死，按其遗愿，将乙弗氏灵柩迁出麦积山，与他合葬于永陵。至今，麦积山第43窟中仍可明显看到墓葬的痕迹。

现在麦积山新架并修复了1300多米的凌空栈道。新架设的40多米长的"天桥"，使千百年来因中间塌毁而分成东西的两崖，又重新联结起来，使游人能顺利登临所有石窟。

东崖现有54个洞窟，以涅槃窟、千佛廊及散花楼上七佛阁最为著名。散花楼上七佛阁是一座七间八柱的巨型殿堂，位于距地面50米处的崖壁上，是北周时秦州大都督李允信为其亡父所造，设计巧妙，雕凿精致。相传上七佛阁修好后，有释迦牟尼在此现身说法。住在这里的二十八位飞天仙女为测试众信徒的诚意，从空中向坐在地上的众信徒散花，结果没有一瓣落在众信徒身上。因此，这窟佛阁又名散花楼，直到现在，从"上七佛阁"散下花来，花瓣仍不会落地。与上七佛阁紧连的五号窟，名牛儿堂，为东崖最高洞窟，堂里有一尊双脚踩在一只"金蹄银角"的牛犊身上的威武天王。相传这尊天王像本在窟东头的踏垫上。这头卧牛是头神牛，动一动，就会地动山摇，吼一声就会引起地震。有一天，这头牛犊伸脖耸肩，想要站起来，天王纵身跳过去，双脚踏在神牛的脊背上，此后牛犊便再没动过。

西崖有140个洞窟，以万佛堂和天堂洞最为有名。万佛堂开凿于北魏晚期，重修于五代、宋、元，是麦积山石窟造像最多、最丰富的一窟。天堂洞位于西崖最高处的东端，栈道顶点，是麦积山规模最大的洞窟之一。窟内有建于北魏晚期

的大型石刻造像，造型优美，雄浑有力。麦积山顶还有高9.4米的舍利塔，隋文帝仁寿二年（602年），在全国"救葬神尼舍利"，后秦州使舍利葬于此。

仙人崖，距麦积山石窟10多千米，相传因常有神仙出没而得名，原名叫灵应寺。殿宇全部修建于月牙形的崖坎之内。据考证，仙人崖始于北魏晚期，南崖现存的泥塑神像留有北魏晚期的痕迹。西崖内建殿亭楼阁14座共36间，可容万人。东崖内有莲花寺、塑像、十八罗汉。东西两崖之间孤峰突起，从羊肠小道攀登可达峰顶。仙人崖历史上曾是个避难之所。

当明王朝最后一个皇帝朱由检死后，明朝在甘肃境内的封王——朱元璋第十九子朱松的直系后代，曾逃到仙人崖潜藏。清初，曾有抗清的义士因不甘心明王朝的失败而居于此地，习武练剑，以图再起。这些都为仙人崖增添了史诗般的色彩。

离麦积山不远还有石门山。石门山由南北两峰组成。两峰对峙，拔地而起，形成一道天然的石门，石门山由此得名。石门山峰峦奇

秀，云海苍茫，素有小黄山之称。山上庙宇多为明代建筑，古雅的殿阁台榭掩映于白云烟海之中，别有情趣。登石门山顶远望，在烟波浩渺之中隐约可见麦积山，其余诸峰犹如云海中的岛屿。中秋之时，明月从石门中间慢慢升起，远远望去，整个月亮似乎被安置在石门上，便有了"石门夜月"之称。

二、鸣沙山

鸣沙山位于甘肃敦煌市西南5千米处莫高窟旁，东起莫高窟崖顶，西至党河水库，最高峰海拔达1715米，它是一处神奇的沙漠奇观。东汉时，鸣沙山被称做沙角山，俗名神沙山。因为登上沙丘，山上就会发出嗡嗡隆隆的声音：犹如鼓鸣，又似雷声，因此晋代时改为鸣沙山。史书记载：鸣沙山"四面皆沙垄，背如刀刃，人登之即鸣，随足颓落，经宿风吹，则复还旧"。

据史书记载，在晴朗的天气，即使风停沙静，鸣沙山也会发出丝竹管弦之音，叫作"沙岭晴鸣"。清代诗人苏履吉说："雷送余音声袅袅，风生细响语喁喁。"鸣沙山其实是由流沙积成的，整个山体由红、黄、绿、黑、白等色彩的沙

像沙丘一样的鸣沙山

粒堆积而成，登山后的脚印在第二天就会平整如初，浑然又是鸣沙山的原始状态，令人称奇不已。鸣沙山因为其独特的构成，所以整座山的形状细腻、光滑、柔美。虽然如此，但是鸣沙山的山峰还是很峻峭的，可谓柔美中现雄壮。鸣沙山的五色沙明暗相间，简直就是一幅天然的杰作。

从古到今，由于不懂鸣沙山的沙为什么会响的原因，相应地就有了许多关于鸣沙山的动人传说。传说这里原本水草丰茂，汉代有位将军带领军队西征经过此地，见此地丰饶美丽，就在此夜宿。不巧当晚就遭到了敌军的偷袭，混战中，突然刮起了狂风，不知从何处刮来无尽的黄沙，混战的军队全部被埋在沙中，形成了鸣沙山。所以有人说鸣沙山沙响其实是军队的厮杀之声。不过据《沙州图经》记载：（鸣沙山）"流动无定，俄然深谷为陵，高岩为谷，峰危似削，孤烟如画，夕疑无地。"也就是说所谓鸣沙，并非自鸣，而是因流沙滑落而产生的沙鸣，它是自然现象中的一种奇观，有人将之誉为"天地间

的奇响，自然中美妙的乐章"。

鸣沙山下是著名的月牙泉，因水面酷似一弯新月而得名。月牙泉在古代叫作沙井，俗称药泉。长约100米，宽约25米，东深西浅，最深处约5米。月牙泉的源头是党河，依靠河水的不断充盈，在四面黄沙的包围中，泉水竟然清澈透明，并且千年来一直不干涸，实在是自然界的一大奇观。但是由于近年来月牙泉与党河之间因为种种原因断开了，所以现在的月牙泉只能靠人工水维持，其景色自然大不如从前。鸣沙山和月牙泉都位列"敦煌八景"，它们是中国西部的一大自然奇观。

三、崆峒山

崆峒山位于甘肃省平凉市西12千米处，属于六盘山支脉。崆峒山具有巍峨壮观的山峰，一望无垠的林海，兼有南北山的特点，所以自古就有"西镇奇观""西来第一山""崆峒山色天下秀"的美誉。

崆峒山的景观内容丰富多变，作家贾平凹说："回首路又不复再见，一层群木涌波，满世界的杂

色。一步一景，步步深入，每每百步之处，其景则异变，令人不知身在何处。"

在崆峒山五台中，西台的地势最高，面积最小，道路最崎岖，西台峰顶的栖云寺是崆峒山五台寺之一。

崆峒山中台是一处佛教寺庙集中的地方，其中最有名的是法轮寺，建于唐代，据《崆峒山志》记载：法轮寺"在中台高阜上"。法轮寺位于塔院东侧，它的后面是凌空宝塔，西侧是舒华寺，东侧是陡峭的山坡和一些林木。北宋建中靖国元年（1101年）在寺中竖立了陀罗尼石经幢，这座经幢形状是八棱柱形的，经幢高131厘米，基座高18厘米，表面刻有陀罗尼经文。

灵龟台位于中台西北部的幽谷中，顶部平台周围长100米，因为它的形状像一头大龟，所以得名灵龟台。灵龟台左侧有一座与北台毗邻的山峰，民间叫作小北台。磨针岩位于小北台前面，磨针岩是一块半圆柱形的巨石，高为3米，顶部是直径为5米的平台，它的东、南、北三侧悬空，只有西面与上山

山色秀丽的崆峒山

路相连接，可通往绝顶皇城。大磨针岩平台上的磨针观里面供奉着无量祖师和骊山老母。

清朝人杨应琚说："崆峒中台以上多浮屠。"的确，在五台周围的丛林中，有不少大大小小、形状各异的塔。凌空塔是中台气势最宏伟的一座塔，它位于崆峒山塔院中心，明万历年间修建，它是一座空心楼阁式砖塔，塔身共分7层，呈平面八角形，总高31.2米，每个塔角都雕有精巧、线条流畅的佛像以及浮雕。塔顶有几株数百年树龄的小松树。这些松树扎根于砖石缝中，枝繁叶茂，四季常青，显示了顽强的生命力，也给宝塔平添了不少景色。

崆峒山北台周围林木茂密，

蝼蚁岭位于北台北侧，中间有两条断涧隔开，涧上架有修渡桥和朽木桥，可以从此到北台。北岭孤峰耸立，四周是悬崖和陡坡。

崆峒山有两座供奉道教始祖老子的道观。一是老君殿，又称老君楼，是明朝建筑，分为上下两层，上层为正殿，殿内供奉有太上老君坐像，左右两侧是迎喜、白骨化身神像，两侧墙壁上是太上老君羽化图，是国内罕见的关于老子化身的明代壁画。另一处老君殿位于笄头山巅，旧称老君炼丹台。

凤凰岭是崆峒山后山景区一个重要景观，它呈南北走向，两端略低，中部隆起，东西两侧各延伸出两条山峰，犹如鸟之双翼。从整个山形看，凤凰岭宛如一只展翅飞翔的凤凰，凤尾连接主峰，凤头指向胭脂河，因此叫"凤凰岭"。

雷声峰是主峰马鬃山向南延伸的一条支脉，全长200米，最高处不过5米，雷声峰岩壁陡峭，峰下面是深渊，地势十分险要。

棋盘岭又叫作铁棋坪，位于雷声峰南侧，它的东、西、南三侧均为绝壁，只有北侧沿着石级可以

上雷声峰，也可沿东北方向的一条小径，经龙君殿，到达上天梯和中台。棋盘岭地势较为平缓，南侧平台上原来有一块铁棋盘和玉石棋子，但是在战乱年代遗失了，现在是一块石刻象棋棋盘。在南侧崖畔上，有一株松树傲然而立，远望如凤凰展翅，近看似孔雀开屏，又仿佛是一位静神观棋者，因此得名"观棋松"。

在崆峒山五台中，南台地势最低，它三面是悬壁千丈，只有北面的山梁小径可通往中台，台上古柏参天，两面的峡谷中林荫蔽日，环境十分幽寂。

月石峡是崆峒山景点相对集中的地方，从饮月石沿林间小道拾级而上，就会看到山势更加险峻，山路更加陡峭，这里东西两侧是悬崖绝壁，也是月石峡最为狭窄的地方。

四、天山

天山东起玉门关外，向西横贯新疆中部，直到伊塞克湖以西，东西长2500千米，南北宽250千米～300千米，平均海拔约5000多米，最高峰托木尔峰海拔达7435.3

天山山脉远景

米。高峰云雾茫茫，终年白雪皑皑，神秘莫测。天山山脉峰峦叠嶂，气势雄伟，势与天齐，故名天山。古代有北山、雪山、白山等称号。天山还把新疆分隔成南北两部分：南为塔里木盆地，北为准噶尔盆地，习惯上称做南疆、北疆。天山是西北边塞的象征，唐李白曾这样说天山："明月出天山，苍茫云海间。""五月天山月，无花只有寒。"

天山是由三列大致平行的山岭组成，分别称其为北、中、南天山。在重重山岭之间，分布着大大小小、高度参差不齐的盆地和谷地。整条天山山脉西高东低，并肩耸立着一座座雪岭冰峰。

天山是我国最大的现代冰川区，这些冰川又可以说是新疆最大的固体水库。在天山北麓的深处，

准噶尔盆地边缘、玛纳斯河畔，有一小块四面是山的无名绿洲。绿洲上，榆树成林，浓密而又古老。绿洲的中间有泉水，泉的下面是紫泥，在阳光照射下，泉水常常变幻为紫色。这里荒无人烟，只有成群的野羊、马鹿出没，也有狗熊和狼的踪迹。

石峡是天池的门户，是去天池的必经之路，这里石山矗立，狭缝中裂，路面狭窄，十分险要。经过石峡，就到了位于天山北坡三工河上游的博格达峰山腰的天池，天池湖面海拔1900多米，面积近5平方千米，水深约百米。古代神话中说，天池是西天王母娘娘居住过的瑶池，王母娘娘为了宴请群仙，曾在这里举行过"蟠桃盛会"，因此天池在古代又叫瑶池。天池其实是古代冰川泥石流堵塞河道形成的高山堰塞湖，湖的形状与原来的河谷有关，显得曲折幽深，湖面宽数百米到千余米，四周雪峰上不断消融的雪水汇集于此，湖水冰凉刺骨，绿如碧玉。四周雪峰环抱，远望层峦叠嶂，呈现出清、紫、翠、蓝、白等丰富的色彩层次。天池边

有一棵上千年的古榆叫作"定海神针"，相传当年王母娘娘在瑶池之滨举行蟠桃盛会，邀请各路神仙赴宴，唯独没有邀请天池水怪，水怪生气，兴风作浪。王母娘娘大怒，拔下头上的碧簪投入池中镇住了水怪，后来，碧簪便成了大树。这棵榆树已经有上千年的历史。其实这里海拔1915米，根本不适合榆树生长，但是这棵榆树却独自生长在这里，而且从来没有被天池水淹没过，实在是一件不可思议的事情。天池下面还有一座被云杉松林环抱的小天池，传说它是西天王母洗脚的地方。在天池西面海拔2718米的高山顶上，有三块形似三根并列的蜡烛的尖石，因此这里就叫灯杆山。传说灯杆山顶原来立有一根灯杆，杆顶上有一盏长明灯，由道人照管，常年不灭。在这里，可以远眺博格达峰和乌鲁木齐市。

天山第二高峰博格达峰，海拔5445米。根据海拔高度的不同，博格达峰可以分为冰川积雪带、高山亚高山带、山地针叶林带和低山带四个自然景带。山上终年积雪不消，形成许多冰川，世称"雪海"，三峰并立，高矗云霄，极为壮观。唐太宗时曾在博格达峰下设过"瑶池都护府"，成吉思汗曾经登过博格达峰并在天山会见了当时西来讲道的长春真人丘处机。

人们习惯将乌鲁木齐以东的山段称为东部天山。东部天山横亘于哈密地区，这个由几条平行山脉和山间盆地组成的山系几乎占据了哈密境内绝大部分面积，宽厚高大的山体，包涵、截留了来自海洋的大部分湿润气流，使它成为哈密北部干旱区的"湿岛"。雪线以下茂密的原始森林和广阔的山甸草原栖息着雪豹、棕熊等野生动物，盛产鹿茸、羚羊角、雪莲等名贵中药材。这里既是良好的牧场，又是优美的避暑胜地。在哈密盆地南部，库鲁克山北部形成的哈顺戈壁，是我国最大的石质戈壁，向东北延伸便来到了历史上著名的八百里流沙河。东部天山南北两侧的热量与水源状况有显著差异，即北部巴里坤哈萨克自治县、伊吾县以牧业为主，南部哈密市以农业为主。

第十章 山东省的山脉

一、泰山

泰山古称岱山、岱宗，位于山东中部，泰安以北。泰山总面积426平方千米，主峰海拔1532.7米，由于它地处我国东部，因此在五岳中被称为东岳，并被誉为"五岳独尊""五岳之首"。

泰山素有"天下第一山"的美称。泰山的魅力不仅在于它的雄奇险秀，更在于它作为文化名山丰厚的历史和文化底蕴，以及它独一无二的人文景观。历代帝王登临封禅，文人贤士题诗颂文，庙观林立，碑刻遍地。儒家有坊，道家有祠，佛家有寺，可以说，泰山是中国民族文化精华的缩影。

泰山的宗教和神祇崇拜也独具特色。泰山上庙宇众多，儒、释、道三教合一。泰山雄伟的自然特征和悠久的文化成就了它独特的宗教形态，由于泰山是众岳之宗，因而祭祀泰山成为王者取得最高权力的象征，这就决定了泰山宗教信仰与政治相结合。在泰山宗教中，天神、地祇是崇拜的主体，配以祖先崇拜，形成相对固定的模式。东岳大帝、碧霞元君、泰山石敢当等神祇就诞生在泰山特定的环境中。

古代帝王认为泰山巍峨耸立，气势雄浑，又有很多关于它的神奇传闻，因而将其视作神的化身。为保住他们的统治地位，帝王登基时，每逢太平年，就要在泰山举行封禅大典，祭告天地。所谓"封"，即在泰山上筑土为坛以祭天；"禅"，即在泰山的小山梁父辟基祭地。据说，夏、商、周三代就有72个君王来这里祈祷。从秦始皇以下，帝王祭泰山之事才兴起，

俏美多姿的泰山

据记载，历史上最隆重的是汉武帝和唐玄宗。

此外，泰山也以其独特的风姿、奇幻的色彩、俊秀的气韵，吸引着无数的骚人墨客、文人学士。他们或流连赡顾，或俯仰凭吊，留下了感慨万端的华章。远在周朝的孔子，登临泰山，曾留下"登泰山而小天下"的佳话。唐代诗仙李白，当他越过十八盘，跨入南天门时，"天门一长啸，万里清风来"的诗句脱口而出，至今仍字字珠玑，铮铮有声。

在中国的俗语中，往往把丈人称为"泰山"，这一称谓自然也与泰山有关。传说唐玄宗封禅泰山，命宰相张说为封禅使，张说让他的女婿郑镒代劳。郑镒由九品官升至为五品官。玄宗问他如何升得这么快，郑镒一时无言以对。旁侧有人说："此泰山之劳也。"说是泰山之劳，其实暗指张说任人唯亲，后来就把岳父称为泰山。北宋大文豪欧阳修则认为泰山极顶西北有座丈人峰，样子像一位伛偻的老人，所以用泰山称岳父。虽然关于这一称谓的由来另有其他说法，但这两种解释始终比较流行。

泰山由南到北地势逐渐升高，有三个明显的阶梯，泰山的三个天门，即红门、中天门和南天门正好安于三个阶梯之上，纵贯顶底。泰山相对地势较缓，只是从中天门上山顶必须经过十八盘，盘道陡峭，有如天梯高悬，是较险的地段。

泰山既然是古代登封之地，名胜古迹自然很多，堪居全国名山之首，泰山第一处名胜当数岱庙。岱庙亦名泰庙，位于泰山南麓的泰安城北，是古代帝王来泰山封禅告祭时居住和举行大典的地方，也是文物集中之地。岱庙是一个紫禁城宫

泰山南面的风光

殿式建筑群，早在唐代以前就具有一定规模，经历代扩建形成规模较大的古建筑群。其内碑刻林立，真草隶篆，体例俱全，风格各异，集中国书法艺术之大成。

中国山水诗的开创者东晋谢灵运在游历泰山，行至岱庙时曾有诗云：

登封瘗崇坛，降禅藏肃然。

石间何淹霭，明堂秘灵篇。

这两句诗的意思是往昔帝王封天的高坛早已淹没在尘土中，而由梁父山祭地之处，还可想见当日他们那肃然恭立、虔诚祈祷的样子；

在烟云中，石间隐约迷茫，或许还秘藏着往昔帝王祭泰山时所留下的美好的颂文。虽然谢灵运的诗文略显晦涩，然而由有形之物延至无形之思，联想丰富而玄妙，更增添了岱庙的神秘感。

天贶殿是岱庙的主体建筑，创建于宋大中祥符二年（1009年），是我国著名的古代殿堂之一。殿高22.3米，东西长43.67米，南北宽17.18米。大殿，雕梁画栋，重檐八角，彩绘斗拱，黄瓦盖顶，金碧辉煌，俨然是一座"金銮殿"。

殿内正中悬东岳大帝画像，北、东、西三面墙壁上有巨幅壁画，名为《泰山神启跸回銮图》，长62米，高3.3米，传为宋代作品，以龙凤之笔描绘了东岳大帝出巡的盛况。其中，东部为《启跸图》，西部为《回銮图》。其场面之大，内容之广，实为罕见，无愧为古代的艺术珍品。

出天贶殿南门，循阶南上为仁安门、配天门。仁安门东侧有一院落，旧为"东御座"，又名"迎宾堂"，是过去皇帝前来祭祀泰山时休息更衣和举行宴会的地方。现在用于陈列有关泰山的文物、字画和历代祭品，其中沿香狮子、温琼玉和黄蓝釉瓷葫芦最引人注目，被称做"泰山三件宝"。

出天贶殿北门，即是中、东、西三座寝宫，据说，当年宋真宗赵恒将东岳大帝封为"东岳大齐仁圣帝"后，认为既然有"帝"，就应该有"皇后"，因而于大中祥符五年（1112年），建立了这座寝宫，作为后妃居住的地方。

庙内东侧有汉柏院，院内有古柏五株，传为汉武帝登山时所栽，距今已有2100余年。这些汉柏树虽然早已肤剥心枯，但仍继续生出新枝，苍古葱郁掩映，堪为奇绝。

岱庙中的许多名家碑刻，现存1696处。其中最著名的有秦刻石、东汉的张迁碑等。泰山秦刻石能延存至今，可谓历尽劫难。石刻本是李斯用小篆书写的胡亥诏书刻书而成。诏书颁于秦二世元年（前209年），原本立于泰山玉女池旁，有220个字之多。宋代刘跂临摹碑文时，尚有146字，到明嘉靖年间则仅剩下29个字。乾隆五年，碑刻被火烧毁，后在玉女池发现幸存的两片残石，上面仍隐约保留了仅存的不到10个字。秦始皇时，本有不少石刻，有峄山、之罘、碣石、琅琊台、会稽等地的刻石，但保留至今的都不是原刻，唯有这两片泰山石刻残石由于是原刻而显得尤其珍贵，是我国保存下来的最古老的文字石刻之一。

张迁碑全称为《汉故谷城长荡阴令张君表颂》，碑文记载的是张迁的政绩，由张迁的故吏韦萌等人立的去思碑。此碑立于汉灵帝中平三年（186年），字体方整朴厚，是著名汉碑之一。除此之外，还有东汉的衡方碑、西晋的孙夫人碑、唐代的神宝寺碑、魏齐隋唐的造象碑，以及历代诗文碑刻等等。各种书体、各家风格荟萃于此，镌刻精致，笔锋清晰。

攀登泰山，主要有东、西两条路线。东路（又称中路）是登山的正途，有盘山道可登，沿途风景秀丽，古迹繁多。

岱宗坊是泰山东路登山的门户，建于明隆庆年间，清雍正九年重修。从这里向上不远，路东有"王母池"，古称"群玉庵"，唐代称"瑶池",其内有王母泉,泉水清澈甘冽,古代帝王登山多在此小憩。"王母池"分前后两院,前院正殿是王母殿,殿内供奉着王母像。西配房原为道士的住处,东配房为"观澜亭",顾名思义,坐在亭中,只听得瀑响泉鸣,循声望去,但见虎山水库大坝的飞瀑滚滚而下,犹如素色锦缎,倒挂珍珠。

顺流而下,可见一湾清溪流水,名"虬在湾",又有"洗涤虎"之称。

亭子的正中为"飞虬岭",传说当年神仙吕洞宾曾诗兴大发,在石壁上题诗一首,而后见一虬常对诗顶礼。一天,吕公终为其感动,挥笔点虬之额,虬遂化龙而去。"飞虬岭"故由此得名。岭下的一

东岳泰山

天然石洞，名为"吕祖洞"，洞内有吕洞宾石刻造像一尊，盛传此洞原为吕洞宾炼丹之处。

从王母池东角门走进后院又见一亭，传说是云游四方的八仙聚首的地方，亭台高筑，名为"悦仙亭"。亭子正北为七真殿，此殿系明代建筑，殿内有八仙彩色塑像，造型优美，惟妙惟肖地塑造出八仙偶聚时的欢愉神态，也令前来观赏的游客赏心悦目。

王母池西侧有老君殿庙的遗址，这里有两座石碑，素称"鸳鸯碑"，四面有字，字又有四五层，书法各异，为唐宋两代名人题书，是泰山著名石碑之一。离王母池北侧约500米，有天门、天阶、孔子登临处等几座牌坊依次林立，号称"坊群"。

过天阶石坊即红门宫，因其有两片红色的岩石而得名。宫分两院，东院为"弥勒院"，正殿三间，内供着佛像；西院正殿，祀碧霞元君神像。这种佛、道两教并立的杂处现象，是泰山的一大特色。红门宫的东亭名"更衣亭"，过去封建官吏朝山，都在这里更换便

泰山十八盘风光

服，换乘山舆前行。

出红门宫拾级而上，途经万仙楼，其北有一小溪，溪水清澈，两岸多桃树、樱桃树、绿竹等，以桃树为名的一段便称"桃花峪"，又名"桃源峪"，此溪对于泰山来讲，实在名不见经传，但其清丽雅致，为巍然雄浑的泰山增添几分闲趣。元代诗人张志纯曾在这里吟诗：

流水来天洞，人间一脉通。

桃源知不远，浮出落花红。

过万仙楼，即到达被古人视为修身养性的圣地——斗母宫，又名"妙香院"，因龙泉水绕宫，故又称"龙泉观"。现在人们看到的

建筑是明代嘉靖二十一年（1543年）重建的。斗母宫前殿原供有斗母像，"斗母"是道教信奉的女神的名字，全称"先天斗母天圣元君"，相传为北斗星之母。后殿则是观音神像，与王母池一样，斗母宫也是佛道杂处的一处实例。

斗母宫的东南面有"寄云楼"和"听泉山房"，长廊回转，面山临水，是赏景的绝好去处。宫的东面有溪水连续流过三段峭崖，形成三股小瀑布，下临三个小石潭。水溅浪花，好似珠玉翻滚，并发出珠落玉盘的悦耳之音，称为"三潭迭瀑"。宫门外有古槐一株，干粗三围，其一枝匍匐于石梁上，约10米，折身而起，昂首天外，形似卧龙，故名"卧龙槐"，又名"母子槐"。

斗母宫东北的山峪中有著名的"经石峪"。古代书法家在一亩（660多平方米）的石坪之上，刻下"金刚经"，字长宽有50厘米，系北齐朝某人所书，经过1000多年的雨刷风蚀，现尚存1043字，被誉为"大字鼻祖，榜书之宗"。经石峪的南侧是"高山流水亭"，亭旁流水漫石坡而过，难怪有诗曰：

"银河西泻散珠房，东涧镌经满石梁。"

由经石峪返回斗母宫，循山道盘桓而上，古柏参天，人行其间，犹人在洞中，故名"柏洞"。柏洞以上，即到壶天门，明代称为"升仙坊"。传说"升仙坊"是人间和天堂的分界，人一过升仙坊，就会得道成仙。

以"升仙坊"为界，泰山的"十八盘"分为三段，共计1633级。坊南为"慢十八盘"，坊北为"紧十八盘"，中间为"不紧不慢十八盘"。

"升仙坊"北侧有"回马岭"，传说帝真宗骑马登至此，因山路陡峭，被迫牵马而回，此名即得之于此。翻过"回马岭"，峰峦起伏，绕山道盘旋而上，就可到"中天门"，又称"二天门"。它东倚中溪山，西傍凤凰岭，气势雄浑峻奇，是登山之半途，也是中西两路登山的汇合点。这里亭台楼阁，红绿掩映，并新建有现代化的星级宾馆。在此可坐空中缆车，直上南天门。

过了"中天门"，山径平坦，

途经"快活三里""斩云剑",过了云步桥即到"五松亭",也叫五大夫松,松旁有亭五间。据《史记》记载,秦始皇当年登山,到此遇雨,避雨于大树下,因此封其为"五大夫"。无奈这株为秦王遮风挡雨的松树却在民间落下骂名,有诗曰:

雨中松干倚嶙峋,

不洗东风旧日尘。

何以桃花含意远,

武陵只恋避秦人。

过了五松亭、迎客松,便是被清乾隆皇帝称为"岱宗最佳处"的对松山。此处两峰对峙,松生绝顶,松林郁结,远望如一簇绿云停在山上,又有白云穿梭其间,时隐时现,掩映成趣。偶有清风吹拂,古松摇曳,松涛轰鸣,有如碧海涌波,浪涛拍岸,真是令人心荡于松谷而不知自我。

攀过对松峰,登上十八盘,"升仙坊"在望。这段山路奇险,素称"云梯",每盘二百级石磴,几乎上下垂直,可谓举步维艰。走完十八盘,回首再望,犹如"天梯"悬挂于南天门下,飘荡于深谷之间,

壮观之极。正如明代陈沂在一首题为《南天门》的诗中所写道的:

望入天门十二重,

曼然飞舞半虚空。

千寻不假钩梯上,

一窍惟容箭括通。

风气荡摩鹏翮外,

日光摇漾海波中。

欲求阊阖无人问,

但拟彤云是帝宫。

"十二重"与"箭括通",诗人以精辟形象的词语写出南天门之高与登南天门石级之多。而将生发在陡峭曲折、高入云端的十八盘视作五光十色的天宫,更是自然而又贴切。

十八盘顶端的南天门,又称三天门,是登泰山盘道的尽处。此门建于元朝中统五年(1246年),门额题有"摩空阁"三个大字。门两旁刻有一副对联:

门辟九霄,仰步三天圣迹;

阶崇万级,俯临千嶂奇观。

由此联不难看出,只有上得高耸而险峻的南天门,才能观赏到泰山的圣迹;也只有经过不畏艰辛的攀登,才能俯视泰山的千嶂奇观。

鸟瞰泰山

处于"九天云霄"的南天门，黄瓦红墙，颇为壮丽，往往被视作泰山的象征。门内正面有"未了轩"，取杜甫《望岳》诗中"齐鲁青未了"之意。

出南天门，即到岱顶的天街北端。天街北依悬崖，南临深谷，崖壁上多有历代的题刻。天街坊建在海拔1000多米的山上，造型独具，三门四柱，四对石狮雕刻细腻传神，而四柱顶部高出顶脊，雕为"华表"样式，是泰山上风格独具的牌坊。自天街起，经青云洞、象鼻峰、白云洞，踏云观景，置身于雾中，尽可以体验到神话中腾云驾雾的感受。

岱顶名胜古碧霞祠，是去玉皇顶的必经之地。这是祭祀碧霞真君的上庙，为宋神宗东封泰山时所建的规模宏大的古建筑群。原名"昭真祠"，全称"昭真观"，明代改称"碧霞灵祐宫"。这里过去是善男信女们前来祭祀"泰山老母"的地方。祠分前后两院，山门内正殿两间，上面的盖瓦、鸱吻、檐铃均系铜铸，左右配殿和山门的盖瓦是铁铸。正殿内有泰山神女碧元君的铜像。殿前左右各有铜像。

院内有明代铜铸千斤鼎和万岁楼。山外东、西、南各有一门，称神门。这组高山建筑，铜铸铁造，玲珑精巧，其造价之高，实属国内罕见。据载，仅明洪武年间一次重修就耗费黄金4954两。更为可贵的是此祠并非只有人为的精工细作，还有自然之圣光灵气。立于祠前，若气候条件适宜，就能有幸目睹"佛光"。在离你不远的雾气中，有一彩色光环，它会把你的影子映入光环中，你尽可以走进去留影，这即是著名的碧霞"宝光"奇景。

由碧霞祠北行不远，到达唐摩崖，崖高12.3米，刻有唐玄宗李隆基撰书的《纪泰山铭》，字体俊逸雄浑，堪称书法佳作。再往上登，便是泰山极顶天柱峰，因峰上建有玉帝观，也称玉皇顶。

玉皇顶海拔1532.7米，为泰山最高峰。立于玉皇顶上俯瞰岱下，"星罗棋布的群峰，奔腾蹴踊，磅礴无际；举目远眺，河流纵横，阡陌交织，原野苍缘，村落鳞次"。

玉皇庙东有观日亭，可观旭日东升，庙西有"望河亭"，在这里可一览晚霞夕照、黄河金带、云海玉盘等自然奇观。岱顶有日观峰，是观看日出之处，峰北有一巨石悬空探出，叫探海石，又名拱北石。唐代诗仙李白在天宝元年从唐玄宗封禅的御道登上泰山，写了六首《游泰山》诗，其中竟有三首是描写登上日观峰凭眺所见的壮丽景象。其三曰：

平明登日观，举手开云关。
精神四飞扬，如出天地间。
黄河从西来，窈窕入远山。
凭崖览八极，目尽长空闲。

在泰山极顶上放眼四望，碧空万里，千峰攒簇，黄河如带，激起了诗仙超出于天地之外的壮逸情思，不禁神采飞扬，飘飘然有出世神仙之想。

玉皇庙中央有极顶石，上刻"极顶"二字，又标有朱红数码"一千五百四十五米"。相传古代帝王的封禅仪式就在这里举行。

玉皇庙外的无字碑，高6米，宽1.2米，厚0.9米，碑身黄白，下无龟座，上有石覆盖，整个字碑平整光滑，其上却只字全无。关于此碑立于何时，历来众说纷纭。一说为秦始皇嬴政所立，赞其焚书坑儒，功德无量，故立碑无文；一说为汉武帝或汉章帝登封泰山时所立；还有一说是唐太宗李世民所立。此碑究竟是"秦碑"还是"汉表"，至今仍不得而知。如果说立碑无字本身已经有"大巧若拙"之妙，令人叫绝，而其年代之不详，又使其平添一丝神秘，耐人寻味。

玉皇顶上还有瞻鲁台、舍身崖和仙人桥等胜迹，其中仙人桥又以其奇绝引人关注，只见两崖相对而立，间隔仅三四米，其间竟有三块重石衔抵撑成桥，其景正如一首诗所赞誉的：

三石两崖断若连，

空蒙似结翠微烟。

猿探雁过应回步，

始信危桥只渡仙。

由南天门向北岔行，可到被称为"泰山后花园的后石坞"。这里奇峰插天，怪石如笋，故称"笋城"。后石坞下有元君庙，山门外石壁上题有"玉女修真处"，传说是天仙玉女碧霞元君修炼之地。庙内弥勒殿北有一洞，以环洞多黄花故称"黄花洞"。洞口被重重的绿苔所掩闭，为人迹所罕至，显得颇

为凄冷幽静，有人去楼空之况味，使人产生沧桑变幻的迷离之感。难怪明代有诗人发出"真人脱骨是何年"的感慨。

登上泰山的平顶峰，可观赏到著名的孔子岩：

仰之弥高，钻之弥深，

可以语上也；

出乎其类，拔乎其萃，

宜若登天然。

这既描绘了孔子岩的高耸超拔，也赞扬了孔子的品德学问。据说，孔子当年登泰山时就曾站在这里，发出"登泰山而小天下"的感慨。后人就把孔子站过的地方叫"孔子岩"，并刻有"孔子小天下处"几个字。

泰山可谓是天帝的宠儿，有黄山的奇伟、武夷山的秀逸、华山的峻峭、匡庐的飞瀑、衡岳的云烟和雁荡的嶙峋。正如昔日汉武帝所赞："高矣、极矣、大矣、特矣、赫矣、骇矣、惑矣。"

二、崂山

崂山坐落在山东半岛的东南，西靠青岛市区，北接即墨市，东、

南两边都有黄海环绕，是我国海岸第一高峰，它的整体地势不一样，东部高峻，悬崖陡立；西部平缓，丘陵连绵。崂山古称"牢山""老山"，"崂"字最早见于《南史》，唐玄宗派人进山炼仙丹，把崂山改名为辅唐山，丘处机以崂山的山形像鳌鱼，遂称之为"鳌山"，明末进士黄宗昌编《崂山志》后，崂山一名便沿用至今。

崂山自然景观可以概括为四个特点：险峰异石、山海奇观、名泉遍布、避暑胜地。方圆百里的崂山，到处都可看见突兀的山脊和奇峰异石以及长涧、幽洞，真可谓奇峰凌云，峭壁依天，且多清泉、古洞、危岩、怪石等，称之为"海上第一山"，不为过誉。崂山东、南两面濒临大海，海波山色相映，气象万千。崂山泉水，闻名天下，"九水明漪""岩瀑潮音"等许多胜景都与泉水分不开，源出巨峰的白沙河，流经岩壑峡谷，形成九曲连环、幽清奇异的九水风光。崂山的泉水，不但水质清冽甘美，而且含有丰富的矿物质。崂山背陆面海，气候温润，有很多古木奇树，

雄奇壮异的崂山

既有珍贵的汉柏唐榆，也有名贵的宋代银杏、元代耐冬，崂山植物资源有上千种。正因为崂山具备了山、海、林、泉这四大特点，才构成了既威猛粗犷又洒脱出俗、既雄伟险峻又灵秀明丽的独特风格，因此为历代名人、学者推崇备至。

崂山风景区有景点50余处，可划分为以下四个风景区：

太清宫风景区位于崂山南部，面临浩瀚的黄海，背依巍巍崂顶，太清宫以东有"波海参天"石刻，以北有龙潭瀑、上清宫、明霞洞等景观；南去有钓鱼台、八仙墩、试金滩等景观。

崂山名胜太清宫，位于崂山南麓。太清宫的背面有七座山峰，左边是桃园峰、望海峰、东华峰，

右边是重阳峰、蟠桃峰、西玉峰，中间是老君峰，老君峰是七峰中最高的。太清宫的大殿南面紧靠太清湾，太清宫又叫下清宫，是我国有名的道观之一，它是由三宫殿、三皇殿、三清殿和关岳祠、耿祖祠组成的，共有大小几十个院落，房舍150余间，绕以院墙，各有山门。在三皇殿院子里有两株古柏，被称为汉柏，其中一株的树干中间有一个树洞，里面填满了积土，因此从树洞中又长出一棵树来，叫作"盐肤树"，绕树还有一棵凌霄，盘旋而上，直达树梢，这奇异的三树合一，叫作"古柏蟠龙"。三皇殿的墙壁上，还有两块书法流畅的石刻，这是元太祖成吉思汗写给道教全真派领袖丘处机的敕谕护教文碑。三清殿如今已经重塑了三清的金身，它是太清宫的主殿。三宫殿是这里最大的一组建筑，前后三进，最后一进院落里，有两棵耐冬，东边的一株传说是《聊斋志异·香玉》中的花仙"绛雪"的化身。耐冬就是南方的山茶，在崂山落户后，不畏严寒，年年岁岁红花朵朵，像给人们心头上点燃了希望的火焰。

太平宫风景区位于崂山东部，包括太平宫、华严寺、白云洞、明道观等景观。这一景区东靠大海，西依高山，视野开阔，景色秀丽，有"狮峰宾日""上苑听涛""云洞观海""白云诗刻"等胜景。步入太平宫的宫门，迎面粉壁上是"海上宫殿"四个斗大的颜体墨字，太平宫是宋太祖为华盖真人刘若拙敕建的道场。太平宫规模不是很大，但是因为地处上苑山麓，依山临海，西靠翠屏岩，北有白龙涧，东傍狮子峰，古松、翠竹、清泉环绕四周，成了一个别有意境的去处。华严寺是山中唯一的一座佛寺，内存有大量的文物，金碧辉煌的藏经阁建于山门，阁外有环形走廊，站在走廊上，可以眺望烟波浩渺的大海。

北九水风景区位于崂山中部偏北，包括内九水、外九水、蔚竹庵。风光绮丽的九水因泉水流经九道弯而得名。九水是内外九水的分界线，内外九水的风格不相同，外九水山奇水秀，内九水步移换景。这里有"九水明漪""蔚竹鸣泉""驼峰插天"等胜景。

华楼宫风景区位于崂山西部，这一景区的景观比较集中，奇峰凌云，峭壁依天，茂竹、清泉、古洞、怪石无不具备。华楼宫是一组石墙青瓦的平房建筑，背依高岩，面临夕阳涧，地势高旷，有老君、

崂山风光

玉皇、关帝三座宫殿。院内有两株古银杏。宫外有石阶可以通往山下，两边青松夹道，翠竹婆娑，环境十分清幽。

崂山的主峰，叫巨峰，也称崂山顶。巨峰顶巅的平坦地块，因为有一块数百立方米的巨石压在上面，因此这块平地俗称"盖顶"。巨石的上面又有若干块小岩石组成的金字塔状峰头，是崂顶的最高点。巨峰的气候奇特无比，夏天的天气就像新疆的天气一样，白天很热，要穿得很薄才可以，晚上就冷得要穿棉衣；秋天时，山下过秋天，山上过冬天，同一座山，却是两个天下，实在有趣味得很；冬天，巨峰北面的山坡早已经是冰冻俨然，而南面的山坡有些地方却仍然是温暖如春。因为它奇特的气候，山中植物种类繁多。在巨峰所有景色中最奇妙的当属观赏日出，崂山十二景之冠的"巨峰旭照"就是指这里。

第十一章 江苏省的山脉

⦿ ⦿ ⦿ ⦿　⦿ ⦿ ⦿ ⦿ ⦿

一、钟山

钟山位于江苏省宁镇山脉的西端，是宁镇山脉中最高的一座山，它像巨龙一样盘踞在南京城的东郊，因此又叫作紫金山。东西延伸7千多米，南北最宽处约3千米，周长20多千米，山形略呈弧状，弧口朝南。元末明初的著名文人高启曾写过一首《登金陵雨花台望大江》，他用"大江来从万山中，山势尽于江流东。钟山如龙独西上，欲破巨浪乘长风。江山相雄不相让，形胜争夸天下壮"的诗句来描绘钟山的壮丽。

钟山是南京著名的风景区，与城市建筑相互辉映，是自然与人类的融洽之所。钟山是南京名胜古迹比较集中的地方，早在六朝时期，这里的寺庙和道庵就有几十座。因

为它环境幽雅，景色宜人，所以历代有好多文人墨客都喜欢这里。北宋王安石就是在这里度过晚年的。他在《游钟山》中写道："终日看山不厌，买山终待老山间。山花落尽山长在，山水空流山自闲。"毛泽东也写下了"钟山风雨起苍黄，百万雄师过大江"的豪迈诗句。

钟山的南麓有许多名胜古迹，坐落在钟山主峰南麓的明孝陵是明开国皇上朱元璋和马皇后的合葬墓，现在地面建筑还存有碑亭、石象翁仲路、享殿石台基、方城等，孝陵长达1500米的神道两边，排列有狮子、象、麒麟、马等十二对石兽，还有文武百官模样的石雕。考古人员引进现代地磁勘测手段，发现了深藏于地下的明孝陵和明东陵"地下宫殿"。明孝陵及其所代表

的文化特征的研究也获得了进展。孝陵附近有大灵谷寺，洪武十四年（1381年），朱元璋为了修建孝陵，就将五六座寺庵迁到这里，合并为灵谷寺。太平军和清军在此对峙时，灵谷寺遭到了严重的破坏。现存的灵谷寺是清同治年间重修的，规模远不如从前，但还保留了一部分原先的建筑，如无梁殿，不用梁柱，寸土不用，自殿基到殿顶，全用巨砖砌成穹隆顶，这是我国现存最古最大的砖建无梁殿。

第二峰下有革命先行者孙中山先生的陵墓，陵墓依山势而建，由我国著名建筑师吕彦直设计，整个建筑由"鼎台"、石碑墓道、陵门、碑亭、祭堂、墓室等七部分组成，占地面积8万多平方米，气势雄伟。陵墓正南是"鼎台"，陵前广场题有"博爱"二字的高大石牌坊是陵墓的入口。陵门的门额上刻有孙中山先生手书的"天下为公"四个大字。进陵门后是碑亭、祭堂，祭堂中间有孙中山先生全身石雕坐像，坐像四周是孙中山先生革命事迹的浮雕，祭堂石壁刻有孙中山先生的遗著《建国大纲》，墓室圆顶穹隆上为国民党党徽，室中间是大理石圹，圹中间设有长方形石棺，棺下地坪深5米处安放孙中山先生的灵枢，棺上安放着孙中山先生的大理石卧像，供游人瞻仰。

第三峰是太平天国时天京的军事要地。太平军在这里修建有天堡城、地堡城两座军事要塞。建于1934年9月的紫金山天文台位于紫金山第三峰上，是我国第一座自行建立的现代天文台，在我国天文事业的建设与发展过程中起着先驱作用，被誉为中国现代天文的摇篮。

二、云台山

云台山在江苏连云港近郊。唐代称邯州山，隋代叫郁林山，唐宋时称苍梧山。云台山原来只是黄海中的一座孤岛，清康熙五十年（1711年）前后，才与陆地相连。景色秀丽，独具神姿，被誉为"海内四大名灵"之一。明嘉靖年间道教兴盛，道士云集达两万之众，又被誉为"七十一福地""东海第一胜境"。

云台山，是一座逶迤30多千米的山脉，从西到东分前、中、后

山水相依云台山

三山，其中前云台山范围最大，地势最高，山中有166座高峰，景区内就有大小秀丽的山头134座，主峰玉女峰，海拔约625米，为江苏最高峰。山岳地层经长期的海水侵蚀、冲刷和频繁的地质变化，形成了千奇百态的海浪石、海蚀洞及壮丽的石海胜景。

云台山风景以山水岩洞为特色，包括海滨、望山、花果山等四大景区，面积约180平方千米。

海滨景区，风光美丽，别墅依次排列。避暑消夏，实称佳境。龙门海滨浴场，游泳沐浴皆宜，可尽情领略大海情趣。

宿城景区位于市东南郊，因唐太宗李世民东征时曾在这里住过一宿而得名。传说当年李世民拴过马的古松依然还在。宿城景色以肥山瀑布为最佳，观瀑处在山腰的观瀑亭。

孔望山景区的特点为一"古"字，古代文物遍布锦屏山、石棚山一带，有古人类旧石器时代晚期的桃花川遗址，新石器时期的二涧文化遗址，有4000多年前的"天书"原始东夷部落的岩画。孔望山摩崖石刻为东汉时期的艺术珍品。孔望山古时叫胸山，古代帝王、文人学者，如秦始皇、唐太宗、孔子、李白、苏轼、李时珍、吴承恩等都在此留下过足迹；相传孔子游胸山相遇老渔夫的故事，很有教益。孔子在受到老渔夫的启发后，便对门生说："大家要记住：凡事要知之为知之，不知为不知。"据说就因为这个缘故，从此人们便把胸山改名叫孔望山了。

花果山景区，为云台山最著名

的景区。花果山旧名青峰顶。唐代以后，历代都在这里修庙建塔，留下了许多古迹。明以后的古迹，大多附会着《西游记》故事，游览其间，犹如读《西游记》。

花果山在前云台山的群山环抱之中，由于靠近大海，气候温暖湿润，适宜各种果树生长，春、夏、秋三季时鲜水果不断，《西游记》中所描写的"四季好花常开，八节鲜果不断"就是以此为背景的。据说，花果山是吴承恩命名的。相传，吴承恩在淮安府官场失意，得知海州境内有座云台山，为宇内四大灵山之一，便乘船来到山下，在三宫庙住下。他搜集民间传说，并到山上实地考察山石形象，以他丰富的想象力，一连写了三年，终于写成了古典名著《西游记》。吴承恩利用"娲遗石"中开一缝，写了孙悟空从大卵石内降生出世的精彩情节，以及野猪精变为八戒石等神话，都是以怪石为原形而加以想像发挥的。

自然景观也与吴承恩书中所写的花果山相像。

水帘洞坐落在花果山上，洞外石壁上清代所刻的"水帘洞""灵泉"题字依稀可见；洞当中有一古井，深1米许，井口上有缝，井上泉水从缝隙滴落。从洞外望之，晶莹夺目，如珠帘一般。

猴子石在花果山北面的猴嘴山上。这石头活像一只猴子蹲在那里，从头到鼻子、嘴，以至整个身躯都十分真实，如人工雕凿一般。

诸如此类还有金刚岩、卧牛石、一尊佛、三支香、万卷书、文笔峰、木鱼、佛手、犀牛斗象等奇石。

石棚山的石棚也是奇石胜景之一。几块仁立的石头，支撑着一长宽各数丈的扁石，前沿伸出，犹如凉棚，棚内可居四五十人。相传苏东坡三游石棚，与爱妾在此弹琴下棋，山间回声俨然有兵车铁马之声。

如今的花果山上，殿宇亭阁大都修葺一新，敬迎远方来观光的客人。

第十二章 安徽省的山脉

一、黄山

　　黄山在秦朝时被称做黟山，因为有黄帝曾在此修身炼丹的传说，得到崇信道教的唐玄宗器重，于天宝六载（747年），将其改名为黄山。

　　黄山位于安徽歙县、休宁、黟县间，以美丽的自然景观著名，更兼有丰富的文化内涵。在面积160多平方千米的核心地盘上，屹立着成百座巍峨奇特的山峰。单是海拔在1500米以上的山峰，就不下30个，连同略低于这个高度的算在一起，黄山号称72峰。也就是说，这里平均两平方千米就有一座较大的山峰。莲花峰、光明顶和天都峰，是黄山三大主峰，海拔都在1873米以上。它们像三尊顶天立地的柱石，鼎足而立，雄立山体中央；其他千峰万壑，有如星罗棋布，环伺在三大主峰周围。特别是莲花峰高耸在黄山中心部分，是黄山第一高峰，海拔1864.8米。在文殊院前看莲花峰，它很像一朵绽开的莲花。置身峰顶，有一种"顶天立地"的感觉，遥望四方，千峰竞秀，万壑争奇，美不胜收。别的山峰也有各自不同的丰采，前山雄伟，后山秀丽。前山诸峰，往往壁立千仞，如一石削成，巍峨挺拔，气贯长虹。后山诸峰则峰头态势活泼、玲珑别致，引人入胜。如果说前山诸峰恰似一篇气势磅礴的大块文章，后山诸峰就更像是一首委婉细腻的抒情诗篇。怪石、奇松和云海的三位一体使黄山在世界上享有盛名。黄山有句古谚："无石不松，无松不石。"确实，黄山的松和石，是形影不离的伴侣。黄山松生长于海拔800米以上的高山地带，特殊的气候和地理条件，造就了它们的千姿百态：或平伸舒展，或虬绕弯曲，或单株独秀于峭壁之间，或汇成林海气势浩荡。最著名的松为迎客松，位于玉屏楼东、文殊洞顶，松破石而长出来，粗干苍劲，一较长的松枝垂于文殊洞口，恰似好客的主人仰手迎接四方来客。徐霞客在其游记中写道："绝危崖，尽皆怪松悬结。高者不盈丈，低仅数寸，平顶短鬣。盘根虬干，愈短愈老，愈小愈奇。"这样的松树不仅给人以美的享受，也使人从其顽强的品格中获得启迪。

黄山自然风景集国内众多名山风光之大成，如泰山之雄伟、华山之险峻、衡山之烟云、庐山之飞瀑、峨眉之清凉，黄山兼而有之，此外又具有自己的特色，尤以奇松、怪石、云海、温泉"四绝"，令海内外游人叹为观止。

"薄海内外无如徽之黄山，登黄山天下无山，观止矣！"这是明代大旅行家徐霞客游览黄山之后的慨叹，又有"五岳归来不看山，黄山归来不看岳"的高度赞誉。黄山总面积1200平方千米，精华部分

黄山天柱峰云海

1154平方千米，素有"五百里黄山"之称。

黄山在秦代以前称为"三天子都"。这是以天都、莲花、光明顶三主峰代表黄山，称它们是天帝居住的仙都。还有一种说法，认为天都峰即是《山海经》中所谓的二天子都。它的四面皆有障，庐山（古称天子嶂）是西障，婺源的率山（亦称天障山）是南障，绩溪县境的大障山为东北障。清初钱谦益在《游黄山记》中记曰：

其峰曰天都，天所都也，亦曰三天子都。东、南、西、北皆有障，数千里内山，扈者、峭者、岌者、峄者、蜀者，皆黄山之负弩几格也。

峭岩绝壁、奇峰怪石，是黄山

之风骨。诗仙李白曾留下这样赞美黄山山峰的脍炙人口的诗句：

黄山四千仞，三十二莲峰。

丹崖夹石柱，菡萏金芙蓉。

莲花峰是黄山最高峰，海拔1864.8米。它凌空而立，气魄雄伟，主峰突出，小峰簇拥，宛若一朵初绽的莲花。绝顶处有一丈方圆，叫作石船。垂直陡峭的百步云梯，宛如莲花的梗茎；曲折盘旋的莲花沟，恰似莲花的蒂盘。登上峰顶，极目远眺，但见云水苍茫，浩气凌空。宋代吴龙翰、鲍云龙和宋夏等十余人，在咸淳四年（1268年）十月十六日，历时三天登上莲花峰顶，他们是有文字记载的第一批登上黄山最高峰的人。吴龙翰在《黄山记游》中曰：

上丹崖万仞之巅，夜宿莲花峰，霜月洗空，一碧万里。古梅谈玄，鲁斋涌史，足庵歌游仙、招隐

之章。少马、吹铁笛、赋新诗，飘然有遗世独立之兴。

嗣后，上莲花峰者日益增多，徐霞客登莲花峰后写道：

其巅廓然，四望空碧，即天都亦俯首矣。盖是峰居黄山之中，独出诸峰上，四面岩壁环耸；遇朝阳霁色，鲜映层发，令人狂叫欲舞。

从莲花峰顶上"百步云梯"，穿过高为1700米的鳌鱼洞，站在鳌鱼峰上，真有骑在鳌鱼背上遨游大海的奇妙感受。翻过鳌鱼峰，上平天（石工），便到了天海。距天海不远，即是光明顶。

光明顶海拔1860米，形状像一只倒扣的钵头，顶上秋水银河，长空一色。光明顶原为炼丹峰的一部分，1929年出版的《黄山指南》将它们分成两峰。传说黄帝当年炼丹后，不仅没有将灶火熄灭，反而特意添加了许多灵炭，要使这熊熊炉火烧得更旺，"光明顶"因而得名。还有另一种说法是，从前有位名叫智定的和尚在此修行15年。有一天，山顶大放光明，太阳周围内紫外红的光环出现在天门，

黄山云海奇观

此山遂得名"光明顶"。

因为光明顶地势高旷，所以是看日出、观云海的最佳处。据说这里观日又与别处不同，日落并不是一下子下去，而是入而复出，跳跃几次才落。此处日出时光的折射也与别处异样，日出时的太阳看上去要比日间的大10倍，光轮破云雾直上，似有响声相伴。现在光明顶上建有气象站，这是华东地区海拔最高的"黄山气象站"。

天都峰是三大主峰中名望最大者，海拔1810米，古人不但认为它是黄山最高峰，还以它为群峰至尊，称其为"群仙所都"，意思是天上都会，所以称其为天都峰。钱谦益说"天都竦出群峰上"，明代潘之恒说"黄山尊严无如天都峰"。直至徐霞客到黄山游览、考察，此事才予以澄清。但天都峰独特的造型和气势确实不同凡响，是三大主峰中最险峻者。从天都峰脚下仰视，只见峭石横空肃立，悬松倒挂。上山的磴道如一线天梯，自空垂下，若断若续，令人不禁望而却步。

天都峰不像莲花峰群峰簇拥，也不像光明顶缓缓升高，它突兀拔起，矫矫不群。登山石阶约1.5千米长，坡度在70度以上，最险处竟达90度。据史书记载，公元1613年前后，由普门和尚带领的小探险队，第一次征服了天都峰。5年后，徐霞客二上黄山时，也登上了峰顶。到1934年，才修凿了石蹬，扯起铁索，解放后又重修凿了1000多级石阶。天都峰最险处为"鲫鱼背"，为通往天都峰的必经之路。它是一道十几米长，宽不过一米的狭长光滑的石脊。两边是万丈深渊，其上仅容一人通过。因纯石无土，在云海中如同露出水面的鱼脊。人过鲫鱼背，无不"精夺神摇，口不得语"。如今虽已有石柱、铁索护卫，但仍是黄山最出名的险境。

除三大主峰外，黄山著名的山峰还有炼丹峰，《黄山志》将它列为三十六大峰之首。据其上载，峰顶有石室，室内丹灶杵臼俨然尚存。峰前有晒药台，台下深不可测。峰前炼丹台还有一座石桥，又名仙人桥，是黄山最险处，两绝壁处各出峭石，彼此相抵，犹如接

迎客松

简，但没有汇到一起，似断似绝，登临者莫不叹为奇绝。有的书记载，唐开元中在炼丹峰侧见此天桥，长30多丈。清代之则说见之于莲花峰西南，还说有采药者宿于桥侧，听见桥上有笙歌声，天亮后便再也找不到桥了，遂把石桥说成是幻境。其实石桥是有的，据方拱乾《游黄山记》说，过狮子峰，登清凉台，可看见天桥如长虹横亘于岩上，不到桥侧，见三石合成，两石如桥柱，一石覆盖于上，上脊超不过五寸。

狮子峰因山峰形如卧狮而得名，狮首是丹霞峰，腰有清凉台，尾有曙光亭，狮子张口处有"狮子林"等庵舍。这里有奇松古柏、天眼泉等名胜，风景多而集中，始信峰也是黄山名峰之一，俗称："不到始信峰，不见黄山松。"峰顶三面临空，悬崖千丈，左右有石笋峰、上升峰陪衬。这里有著名的"接引崖"，断崖间架木相连，上有一株松树，可攀引而度。松树生在石隙中，又称"接引松"。古代文人墨客常在此观览山景，饮酒弹琴，故始信峰又有琴台之称。

黄山还有不少纯以其外形命名的山峰。如笔峰山因上有一石挺出，耸立空中，下圆上尖，活像一枝书法家的斗笔，峰尖石缝中长着一株盘旋曲折的古松，像一朵盛开的鲜花，峰下有一块像人睡卧的巧石。所以这处奇景被称为"梦笔生花"。与笔峰相对之处，还有一座顶上分出五岔的山峰，形似笔架，两峰相映成趣。黄山北部的芙蓉峰，因其峭拔，如菡萏一枝向天而开。

怪石巧石星罗棋布，形状奇异，千姿百态，俨然一座座巨大的石雕峙立于黄山诸峰。怪石最集中、最奇妙处首推石笋矼。石笋矼在始信峰与仙人峰之间，峰旁壑底，形状各异的石笋参差林立，恍若栉比鳞次的摩天大楼，又像森严倚天的万千刀戟，还似雨后的无数春笋。远眺石笋矼，又构成了"五百罗汉朝南海"的壮阔场面。

黄山西部飞来峰上的飞来石，是一块高10余米，上尖下圆的巨石，它孤耸峰头，根部和山峰似截然分离，且还向外倾斜，其根部

有2/3漏出空隙，好像刚从天外飞来，脚跟尚未落稳，又像要匆匆飞走。关于飞来石的来历，有这样一个传说：古时此地有一毒龙逞凶，西方佛祖拔起灵鹫峰准备到杭州西湖修性养道时路经黄山，见有毒龙残害生灵，佛祖愤怒地举起禅杖，在灵鹫峰上敲下一块石片，正好压在毒龙身上，从此黄山太平，而杭州灵隐寺前的飞来峰（又名灵鹫峰）西边因此有了一处凹陷。对于这块奇石，明代诗人杨补《飞来峰》诗云：

何来一片云，化石栖峰面。
百丈无皱痕，趾虚通一线。
欹倾不自安，非根岂能春？
翼翼半欲去，如怀故山恋。
倾身临其前，瞑目骨已战。
相戒勿尔触，下久意始善

又如狮子峰顶有一块形如石猴的奇石，云海涌起时，它像是立在云海上凝神远望，人称此景为"猴子观海"，云海散去后，对面群峰林立，石猴像是要跳过去，又称"猴子过山"。鳌鱼峰背上有一块龟形大石，附近卧着几个蛋形小石，构成"鳌鱼驮金龟""老鳌下

蛋"的奇观。峰前有几块石头像螺蛳，又有"鳌鱼吃螺蛳"的说法。再往前，峰旁一石突起，像在面壁参禅，叫作"僧坐石"。松谷道中有一块"天牌石"，又叫天榜、仙人榜，长在峭壁中，黄色中间有绿字宛然可辨。前面还有"鲤鱼石"，天门处有"海螺石"，形状酷如其名。天都峰上还有"老鹰抓鸡""金鸡叫天门"等巧石。漫步于黄山之中，观赏这些千姿百态的奇石巧石，你不知是该惊叹大自然之鬼斧神工，还是赞叹前人给这些石头命名时丰富的联想。

黄山不仅自然景观奇绝，使人置身其中如入仙境，而且与诸多名山一样，具有壮丽的人文景观，其中主要是寺庙庵堂的建筑。据《黄山志》记载，黄山自唐以后，陆续兴建寺庙庵堂印多所，著名的古寺有慈光寺、文殊院、狮子林、松谷庵、云谷寺、翠微寺等。普门和尚在古代黄山僧侣中最负盛名，他是黄山两所最著名寺庙文殊院和慈光寺的开山祖师。普门是明万历年至天启年间人，他在万历三十四年（1606年）褐杖奉游至黄山，不顾

山高路险，首次攀上天都峰绝顶，打通了号称"天下玉屏"的玉屏峰之路，普门因此被尊为"神僧"。他在玉屏峰上建立了文殊院，徽、歙地区的僧侣纷纷投普门为师。因僧徒日众，普门又创建更大的慈光寺。为筹资金，普门专携黄山图北上京城，神宗皇帝的母亲慈圣太后接见了这位来自"仙都"黄山的高僧。宋神宗皇帝还亲笔题书匾额"护国慈光寺"，并捐赠银两和名贵物品，使这座普通的禅院跃为皇帝敕封的寺院。此后，朝佛取经者日达千僧，游客日多。

虽然黄山有"天下第一奇山"之美誉，但它的开发却较其他名山晚。自唐天宝六载（747年）改黟山为黄山后，其奇秀景色逐渐传扬

黄山飞来石

开来。历代名人学士，如唐代的李白、贾岛、志满和尚，宋代的范成大、吴龙瀚，元代的汪泽民、郑玉，明代的徐霞客、钱谦益、普门和尚、江瑾、袁中道，清代的施闰章、刘大櫆、袁枚、雪庄、渐江、石涛，近代的黄宾虹等，他们都曾登览黄山，或以诗文咏赞，或以画笔描绘，或建寺修路。

黄山是大自然的杰作，"四绝"与四季物候的交融，组合成数不尽的天然画卷。春，风和日丽，山花浪漫，争奇斗艳；夏，流泉飞瀑，山峦葱郁，暑消凉润；秋，凝紫飞红，层林尽染，遍地铺金；冬，玉树银花，晶莹透剔，一片冰清。天然画廊似的五百里黄山，自然也激发着画家的创作灵感。清代著名画家石涛即有句"黄山是吾师"的名言。宋代大画家马远，早期临摹古人，到黄山游览后，将过去闭门造车所画的山水画稿付之一炬，从此走向"师造化"的道路，其后期的山水画构图险峻峭拔，线条豪放有力，对后世的山水画产生了深远的影响。清初，以渐江为首的"新安画派"即从黄山崛起，画

云雾中的九华山峰

派早期成员渐江、查士标、孙逸、汪元瑞等都是黄山脚下人，故又称"黄山画派"。他们的共同点是跳出了仿古、临古的窠臼，师法自然，描写真山真水。这些人中，渐江描绘黄山的作品极多，其中《黄山图》60帧尤为珍品，被画坊称为"至奇之笔"。而雪庄为画黄山，独自住到人迹罕至的白砂矼，以树皮代瓦棚，名曰"皮篷"，以至以后这里改称"皮篷"。雪庄花几十年心血，精心绘制《黄山图》42帧，与渐江的《黄山图》合称"双璧"。这两人是新安派中对后世影响最大的。

清代石涛屡游黄山，"坐久忘归去""搜尽奇峰打草稿""漫将一砚梨花雨，泼湿黄山几段云"。

他有大量描绘黄山的作品，其中《黄山前后海图》长卷和《黄山八景》等作品，笔墨恣肆酣畅，意境苍莽深邃。近代画家黄宾虹一生曾九上黄山，他的《黄山纪游册》《黄海松涛十二图》《黄山松谷图》等都是艺术珍品。

黄山由于其峰、石、松、云、泉等自然胜景，成为天然美的典范，又兼有各地名山之特色，博得"天下名景集黄山"之美誉。

二、九华山

九华山，位于安徽省池州市青阳县内，北面紧靠长江，南边临近黄山，九华山共有99座山峰，面积共有120平方千米。唐代以前叫作"九子山"，《九华山云录》："此山奇秀，高出云表，峰峦异状，其数有九，故名九子山。"唐天宝年间，诗人李白见此山"高数千丈，上有九峰如莲花"，于是赋诗"妙有二分气，灵山开九华"，更名为九华山。农历七月三十日是九华山佛教之祖金乔觉的坐化日，所以每年的这一天，九华山就会有盛大的佛事活动，这时游九华山不但可以欣赏它的自然景色，还可以参与佛事活动。

九华山融自然风光与人文景观、佛教气氛为一体，自古就是我国著名的旅游胜地。

这里自然景色奇特优美。位于南阳湾的神仙洞和鱼龙洞各有特色。神仙洞为旱洞，全长约1500米。洞内钟乳石千姿百态，有"花海""睡美人""百鸟朝凤""麒麟送子""珠玉卷帘"等胜景。鱼龙洞与神仙洞相距仅1000米，它幽深宽阔，分为东、南、西、北四洞和两厅八宫，洞内景点很多。

山前景区凤栖峰下有一块巨大的岩石，四周皆桃树，这些桃树很奇特，花成碧绿色，每当它盛开之时，岩石便被映成绿色，所以岩石得名为碧桃岩。因为这块岩石有一

奇峰怪石密布的九华山

个坡度，泉水从它上面挥洒而下，形成一道高10多米的瀑布，这条瀑布也是九华山最大的瀑布。

九华山的寺庙颇具特色，造型各不相同。化城寺是四进院落的民居式建筑，它的四进殿宇分别分布在三个台基上，殿宇层层升高，远看似多重建筑。出化城寺向西便到了肉身殿。

坐落于九华山西神光岭上的肉身殿是金乔觉圆寂的地方，殿内有一座塔基为汉白玉、高17米七级八面的木质宝塔，每层每面都设有供奉地藏佛像的佛龛，塔内则是地藏肉身所在的三级石塔。木塔东西两侧分别塑有十殿阎罗参拜地藏的立像。殿基和两侧佛台有38幅精美的汉白玉浮雕，图案为净瓶、判笔、宝剑、莲花、牡丹、石榴等。殿前有一个半月形的拜台，上面有一个铁鼎，里面有香烛。

上禅堂位于神光岭的半山腰上，它的山门开在东山墙，门前有一道照壁。山门接着弥勒殿，弥勒殿的大殿由两个厅堂并连，四落水屋顶，中间有一个天井。大殿南面是韦陀殿，韦陀殿后是三层楼阁的

客堂。虽是同一建筑，但却布置在三级台地上，第一级大雄宝殿比韦陀殿高0.7米，第二级韦陀殿比客房高出5.5米。

百岁宫坐落在海拔871米高的插霄峰上，建于明代。它的整个建筑顺着山势一字排开，殿宇层层拔高，一直到山巅，各个建筑是相通的，但是又各有各的特色，这种建筑模式在我国现存的寺庙建筑中并不多见。

三、琅琊山

琅琊山，位于安徽省东部，滁州市西南郊，整个风景区面积115平方千米，森林覆盖率达86%。景色清幽、"文采斐然"的琅琊山历来享有"蓬莱之后无别山"的美誉。

据史书记载，琅琊山的名胜是大历年间唐刺史李幼卿开凿的，他在南山"凿石引泉，酾其流以为溪"，名为琅琊溪，在溪岸"建上下坊，作禅堂、琴台"。历代文人在此留下了许多的名篇佳句。

野芳园是进入琅琊山胜境的第一个风景区，园的总面积为4200

平方米，建筑风格属于苏州园林风格，建有赏心斋、拥霞轩、晨曦堂、盆景廊等。园内有小桥、池塘、假山等，还栽有各种花木。在此园中，可以感受到江南园林的精巧幽奇。

醉翁亭是包括以醉翁亭为主的一大群亭台楼阁的建筑群。醉翁亭旁边有一块斜卧的巨石，上面刻有圆底篆书"醉翁亭"三个大字。亭子中有宋代苏轼亲笔写的《醉翁亭记》碑刻，此碑刻被称为"欧文苏字"。亭后最高处有一高台，叫作"玄帝宫"。

深秀湖位于回北门通往琅琊山寺院的转弯处，因为它三面环山，景色秀丽，于是由欧阳修《醉翁亭记》中的"蔚然深秀"，得名为深秀湖。湖上建有湖心桥，桥有九曲，叫作九曲桥。桥上建有湖心亭，在亭中可以欣赏琅琊山的幽景奇色。

从深秀湖往前走，就会到达古琅琊寺，月洞形山门上写着"琅琊胜境"四字。琅琊寺原名宝应寺，是唐代大历年间淮南路刺史李幼卿与法琛和尚建造的。传说李幼卿与法琛和尚在造寺之前，曾先绘图呈送唐代宗。恰巧代宗皇帝头天夜里梦见在一片山林深处有一座寺院，其形状、规模和图上画的极为相似。代宗十分高兴，于是特赐名"宝应"。后又改为"开化禅寺""开化律寺"，因其坐落在琅琊山中，人们便也称其为琅琊寺。琅琊寺的建筑都是由低到高，依山而建。寺内最大的建筑是大雄宝殿和藏经楼。

南天门位于琅琊古寺南山峰，海拔310米，是琅琊山最高的山峰，有会峰阁、古碧霞宫等。会峰阁是琅琊山风景名胜中的最高建筑物，高为24米，是建筑在南天门的明代建筑会峰亭的残基上的。会峰阁的造型很奇特，从四面观看，高低形状各不相同：从东面观看，它有三层；从南面观看，它有四层；从西面观看，它有五层。会峰阁每层是六面八角，都采用古典建筑的飞檐翘角式样，阁顶用黄色琉璃瓦覆盖，阁上24个铃角，都装有铜铃。

同乐园位于醉翁亭以西约200米处，是因地制宜，利用开山取石废弃的石头开发的新景区，名字来自于北宋文学家欧阳修《醉翁亭记》中"醉能同其乐"之意。园内有观瀑亭、知针台、乐乐馆等仿古建筑，有琅琊山动植物标本展。更令人叹为观止的是园内长廊上镶嵌了北宋以来苏轼、董其昌、文徵明、祝枝山等大书法家书写的《醉翁亭记》碑文。

四、天柱山

天柱山，位于安徽省潜山县，因其主峰"一柱擎天"而得名。公元前106年，汉武帝登天柱山，称赞天柱山为"南岳"。公元前589年，隋文帝诏南岳为衡山，又因为春秋时这里是皖国的封地，因此天柱山又名皖山，安徽省简称"皖"即源于此。李白在欣赏天柱山景色后，发出了"奇峰出奇云，秀木含秀气。青晏皖公山，睦绝称人意"的感慨。

天柱山的南大门是谷口，现在也称做野人寨，它前面是碧波荡漾的潜水，后面是天柱群峰，这里以清幽著称。谷口中间有一条用白石铺砌的甬道通向深处。宋代王安石任舒州通判期间，为谷口的山光水

色所吸引，常约宾朋到谷口题诗留字，他的"水泠泠而北去，山靡靡以傍围。欲穷源而不得，竟怅惘以空归"这首诗还清晰可见。天柱山后山景色以林木为主，这里还有很多形态各异的瀑布。例如，马祖庵的附近有天柱第一名瀑：雪崖瀑。虎头崖景区的山崖很像老虎头，因此得名为虎头崖，这里也有很多景色，如铁笛龛、狐狸坟等都是其他山没有的景观。

天柱山西南坡比较缓，东北坡则很陡险，但海拔1000米以上的地方，都是奇峰险岩。这里有许多的古松，最为奇特的是这里的岩石寸土不染，这在别的地方是很少见的。天柱峰可望不可即，游人无法攀登，只是把天柱山的神韵展现得淋漓尽致。天门也是天柱山的一绝景，它介于莲花峰和天狮峰之间，沿垂直节理自然雕琢而成，中间有一线，直立如门，门外岩壁如削，下面是万丈深壑，令人望而生畏。

石牛溪是天柱山著名的景点。溪口有一块很像卧牛的巨石，因此这条溪流叫石牛溪。石牛溪两岸岩壁上都是密密麻麻的石刻，多到石

顶天立地的天柱山

皆有镌刻，使之无空隙的程度，各年代的石刻都有，其中宋代的石刻最多。在这里留石刻最多的是王安石，他对这里的喜爱之情有诗为证："水无心而宛转，山有色而环围；穷幽深而不尽，坐石上以忘归。"

天柱山是古代安徽文化的精华之所在。早在唐宋时期，佛、道两教就将天柱山看作是"洞天福地"，纷纷在这里建寺传道。三祖寺现在仍然香火兴盛，已经被列为全国重点寺庙。唐代马祖道一禅师曾经在马祖庵修道，后人建庵供奉，世称马祖庵。明万历年间，明神宗赐马祖庵为佛光寺。总之，天柱山是自然与人文景观融为一体的山。

第十三章 浙江省的山脉

一、雁荡山

雁荡山，通常指北雁荡山而言，又名雁山，因"山顶有湖，芦苇丛生，秋雁宿之"而得名。雁荡山位于浙江省温州乐清东北部，背依莽莽的括苍山脉，面对浩渺的乐清湾，层峦叠嶂，千峰林立，瀑飞泉涌，洞壑幽深，素有"海上名山""寰中绝胜"之誉，史称"东南第一山"。

雁荡山开山始于南北朝，兴于唐，盛于宋。早在南北朝宋武帝年间，永嘉太守谢灵运曾到雁荡山筋竹涧游览，写有《从筋竹涧越岭溪行》。梁武帝大通元年（523年），昭明太子在芙蓉峰下建寺造塔，此为雁荡开山之始。唐初，西域高僧诺讵那因为雁荡"花村鸟山"而率众多弟子前来兴建寺院，参悟佛法，在大龙湫观瀑坐化，世传为雁

荡山开山祖师。自此，僧侣陆续进山建寺筑庙，同时更多外人深入雁山览胜探幽。唐代高僧一行画《山川两戒图》，留下了"南戒尽于雁荡"的结语。晚唐诗僧贯休更有"雁荡经行云漠漠，龙湫宴坐雨蒙蒙"的名句千古流传。诗人杜甫的祖父杜审言留下的石刻"审言来"，是这里现存的历史最为悠久的摩崖石刻。宋朝时候，由于僧侣更众，皇室关心，官宦名士纷至沓来，使得雁荡名声日益远扬。北宋科学家沈括考察了雁荡胜景后在《梦溪笔谈》中叹道"温州雁荡山，天下奇秀也"，并指出"予观雁荡诸峰，皆峭拔险怪，上耸千尺。穹崖巨谷，不类他山，皆包在诸谷中。自岭外望之，都无所见，至谷中则森然干霄。"揭示出了雁荡山长期不被世人瞩目的原因。由

于雁荡山开发晚，故未能跻身"五岳"，但也正因如此，雁荡山多了一分民间逸士的潇洒和从容。南宋理学名儒朱熹来乐清讲学时，曾慕名而游雁荡山，至龙鼻洞前，只见奇峰突兀，环境幽雅，情不自禁挥笔题书"天开图画"。明末清初地理学家和游记作家徐霞客三游雁荡山，写下两篇游记，盛赞道："四海名山皆过目，就中此景难图录。"

雁荡山方圆450平方千米，风景繁多，共有102峰、103岩、29石、66洞、28瀑、24嶂、20寺、12亭、9谷8坑、8岭9泉、11溪涧等500多处胜景。全山分为灵峰、三折瀑、灵岩、大龙湫、雁湖、显胜门、仙桥、羊角洞八大景区。东南部风景较为集中，有简称"二灵一龙"的灵峰、灵岩和大龙湫，是全区的风景中心，古称"雁荡三绝"。

雁荡风景，以峰石奇异而驰名。峰峦岩石怪异奇特，势态传神。灵峰与倚天峰相和如掌，称合掌峰。灵峰区的石佛峰，屹立于山门外，酷似秃顶头陀，躬身迎客。大龙湫区的抱儿峰，如少妇怀抱婴儿，缓缓前行。剪刀峰则像一把微启的巨剪，直向长空。雁湖区的二仙峰，在峭绝的孤峰顶上，如二人相对而坐，对弈决胜负。仙桥区的新娘峰，姿态婀娜，如同娇羞的少女，盛妆出嫁。

雁荡山峰石的奇特还在于，同一景物，因观看时间、角度的不同而随之变幻万千。其中，最令人击掌叫绝的是灵峰夜景。当星月交辉，在灵峰寺西南角仰望合掌峰，犹如大地母亲隆起的丰胸。前行几

令人神往的雁荡山

步，从合掌峰左侧观看，又似一少女倚靠在右边的山峰上，若有所思，凝视远方。来到灵峰花园东侧观看合掌峰时，似是一对亲密相拥、窃窃私语的年轻情侣。转到寺宇屋檐前仰脸后望，合掌峰头上又出现了一只敛翅高踞的雄鹰。大龙湫区的剪刀峰也是移步换景，颇具风采。此峰由外及内，可变化成"昭君出塞""啄木鸟""熊岩""桅杆峰""一帆峰"等景观。有诗颂此曰："百二峰形各不同，此峰变态更无穷。"

被称为雁荡"明庭"的灵岩，高广数百丈，状如屏风，故亦被称为屏霞嶂。其间的古洞奇穴和胜门险阙也堪称奇观。

雁荡山洞穴之多，洞形之怪，洞之幽奥，世所罕见。观音洞，高113米，宽14米不等，深76米，在微微张开的山腰间，倚石架屋，建九层殿寺，供有南海观音像。进入洞中，如入空中石屋，仰望天空，仅留一线，故名"一线天"。天聪洞，洞口似耳窍，洞内有洞，洞底见天。

雁荡山的门阙险而奇。显胜门两侧之峰高约200米，门宽仅10余米，巍然耸立，门下仰望若倾倒之势，令人胆寒。响岩门处的响岩发出巨响，令人心内生虚。龙虎门由龙首崖和虎蹲崖参差相峙而成门，门中有溪流穿过，门内有峰岩蹲踞。南天门由灵岩天桂峰和展旗峰组成，门高约200米，门宽约170米，民间常于南天门上做飞渡表演。南天门四周奇峰怪石竞秀，道旁松柏郁郁葱葱。雁荡山之门阙，都在风景密集区，不仅自身雄奇，且四山环抱，万木葱茏，堪称海内奇观。

雁荡山山奇，水更奇。飞瀑流泉、清溪碧潭把雁荡山的奇特灵秀发挥到了极致。瀑布规模较大的有28条，单级落差在100米以上的就有10条。暴雨过后，处处是瀑布，场面宏大，壮人情怀，正如当代国画大师潘天寿所说："万条瀑布一条涧，此是雁山第一奇。"其中龙湫飞瀑是少见的奇景。大龙湫瀑布高190余米，有"天下第一瀑"摩崖。一般的瀑布常以势雄为第一，而大龙湫美在姿态，清袁枚有诗云："龙湫山高势绝天，一线瀑走兜罗棉。五丈以上尚是水，十丈以下全为烟。况复百丈至千丈，水云

烟雾难分焉。"三折瀑也体现出造化的玄妙，它一源三流，历经三处悬崖，飞泻而成上、中、下三个瀑布，其中以中折瀑为最妙，被誉为"雁山第一胜景"。雁荡诸泉多藏于洞内，纯净微甘，任人取用。雁荡山缘以得名的雁湖，在海拔990米高的雁湖岗上，昔日湖广水盈，芦荻丛密，鸿雁群栖，由于四周岩石风化后的碎屑泥沙淤积湖底，以及湖底缺少良好的隔水层，近几百年雁湖已缩小成洼，但在雁湖岗顶看日出云海，仍令人心旷神怡。

雁荡山气候宜人，冬暖夏凉，环境优美，空气清新，是游览、避暑和休养的绝好去处。雁荡山不仅是游览胜地，而且得天独厚，物产丰富。如有名的"五珍"：雁茗、观音竹、香鱼、山乐官（鸟）、金星草。除此之外，黄杨木雕、工艺草编、江沿红心李、大荆瓢瓜梨也是当地特产。

二、普陀山

普陀山位于浙江省杭州湾以东，总面积为12.5平方千米，呈狭长形，最高处的佛顶山海拔约3000米。

这里夏凉冬暖，是优良的避暑休养胜地。普陀山兼有山海之胜，前人说："山而兼湖之胜，则推杭州之西湖；以山而兼海之胜，当推舟山之普陀。"普陀山地处海中，形成了"山势欲压海，禅宫向此开，鱼龙腥不到，日月影先来"的山海奇观。普陀山不仅是闻名中外的中国四大佛教名山之一，也是驰誉中外的旅游胜地，素有"南海圣境""蓬莱仙境""海上仙山"之称。

游览普陀山的第一个景点是短姑道码头。这里曾经是天然形成的船埠。清光绪三十一年，普陀山住持了余、莲禅僧看到，因潮涨潮落，往来船只靠岸不便，于是募资用巨石垒成长达11米、宽8米的石条道码头，以利于游人进山。

由短姑道码头登岸，北行不远就是普济寺。普济寺又称前寺，是普陀山供奉观音菩萨的主刹，始建于北宋。普济寺规模宏大，建筑雄伟，有九座殿宇，现在寺内仍保留康熙的"普济群灵""藏经阁"匾额，还有千僧锅、大铜钟、大铜鼎等文物。寺前有广阔的莲池，这里是全山最佳的风景点，莲池原名为海印地，也称放生池、莲花池，原是佛家信徒在此放生的池塘。莲花池东面的"多宝塔"建于元代元统年间，是普陀山现有最古老的建筑。多宝塔、普陀鹅耳枥和杨枝观音碑合称普陀三宝。

普济寺和法雨寺及慧济寺合称普陀山三大禅寺。法雨寺是普陀山第二大禅寺，法雨寺修建于明朝万历年间，清代康熙、雍正扩建殿堂楼阁，规模宏伟，殿宇楼阁厅堂达200余间。慧济寺又名佛顶山寺，位于佛顶山上，是普陀山第三大寺，建筑倚山势而建。正殿大雄宝殿正中供奉释迦牟尼及二弟子佛像，这是普陀山寺庙中主殿不供奉观音而供奉佛祖的唯一一座寺庙。

农历二月十九日、六月十九日、九月十九日为观音生日、得道、出家三大香会，此时普陀山最为盛况。南海观音露天铜像身高18米，莲台2米，台基和功德大厅高13米，礼佛广场占地5500平方米，佛像左手托法轮，右手施无畏印。另外，我国最大的铜铸佛殿——正法明铜殿也在普陀山建成，铜殿全部以青铜浇铸，采用国内先进的空心捣铸工艺建成，全殿长7米、宽5米、高8米，净重180多吨，现在已成为普陀山的一大景观。

由梅福庵西行不远处便可看到磐陀石。磐陀石由上下两石相叠加而成，下面一块巨石底阔上尖，周长20余米，中间凸出处将上石托住，叫作磐；上面一块巨石上平底尖，高达3米，宽近7米，呈菱形，叫作陀。磐陀石奇险无比，却安稳如盘。磐陀石顶巅平坦，二三十个人在上面嬉戏它却纹丝不动，实在是不可思议的一大奇观。

普陀山上最著名的风景点是紫竹林潮音洞，紫竹林一带山中岩石呈紫红色，因此这里的石头就叫"紫竹石"。紫竹林内有潮音洞，潮音洞高数十米，洞口通向大海，因此这里常常是波浪翻滚，涛声冲天。

千步金沙又称千步沙，在普陀山的东部海岸，南起几室岭北，东北至望海亭，千步沙因其长度近千步而得名。

三、天台山

天台山位于浙江天台县城北，据说因"山有八重，四面如一，顶对三辰，当牛女之分，地当斗宿和牛宿的分野，上应台宿"，所以被称做天台山。天台山历来是著名的游览胜地。东晋文学家孙绰在《游天台山赋序》中描写道："天台山者，盖山岳之神秀者也……夫其峻极之状，嘉祥之美，穷山海之瑰富，尽人神之壮丽矣。"明代大旅行家徐霞客三上天台山，并将《游天台山日记》置于《徐霞客游记》的篇首。

在国清寺东北方的石梁是天台山的一个重要的游览点。这里山门对立，山腰间有一块横空巨石衔接两山，它长约6.6米，最狭处不过十几厘米，最宽处约0.5米，因为这块巨石颇似屋梁，故称石梁。

天台山之所以出名，还因为它是我国佛教天台宗的发祥地。坐落在天台山麓的规模宏大的国清寺，被认为是天台宗的祖寺。国清寺是一座拥有面积7.3万平方米，600多间屋宇的大型建筑群，它以四条纵轴为主体，其中包括四殿：弥勒佛殿、雨花殿、大雄宝殿、观音殿；五楼：钟楼、鼓楼、方丈楼、近塔楼、藏经楼；四堂：妙法堂、安养堂、斋堂、客堂；二亭：梅亭、清心亭；一室：文物室。国清寺是我国最完整的大型寺院之一。

天台山是天然的植物园和动物园，它有很多珍奇的林木和花草，同时还有许多珍禽异兽。珍奇的林木有隋梅、唐樟、宋柏、宋藤等。

天台山有大灵猫、苏门羚、云豹等珍稀野生动物。这些都极大地丰富了天台山的风景旅游资源。

天台山是中国最早产茶地之一。天台山盛产优质高山茶叶——云雾茶。葛玄茶圃历史悠久，据《天台山志》记载："东汉末年葛玄植茶之圃已上华顶。"归云洞口几株茶树称为"茶祖"，至今依然生机蓬勃。

华顶峰有拜经台，是观日出的

呈"品"字形的天台山

所在。拜经台下数百步，有纪念唐代诗人李白的"太白读书堂"。华顶有森林公园，古木参天，空气清新，中有华顶避暑山庄、华顶寺。在这里可以"春观云海，夏赏山花，秋看日出，冬览雪景"。华顶峰海拔在1000米左右，空气中负氧离子极高，盛夏时节气温比杭州、上海等地低10℃左右，是理想的避暑、疗养佳地。

四、莫干山

莫干山坐落于浙江省德清县，春秋末年，吴王派莫邪、干将在这里铸造了世间罕见的雌雄双剑，由此得名为莫干山。莫干山属于天目山余脉。莫干山享有"江南第一山"的美誉，一向以竹、云、泉"三胜"和清、静、绿、凉"四优"等特色而著称于世。莫干山被誉为"清凉世界"，它与北戴河、庐山、鸡公山并称为我国四大避暑胜地。

莫干山具有许多自己的特点，"三胜"中的竹尤为胜出，莫干山竹的品种不但多，而且几乎覆盖了全山，远远望去，莫干山就是一片竹海。莫干山的山泉更是随处可见，不经意间就会冒出一股清清的山泉，惹人怜爱，让人陶醉在流动的幽清世界里，浑然不知山外之俗事。这里的云也独具特色，它们就像南方的天气，柔柔的但又颇具性格，你一走神，它就会变作另一种姿态，让你猜不透，摸不着。莫干山的"四优"更是意境深广。莫干山的森林覆盖率达到了92%，远望，满目皆翠；近看，绿得各具神采。莫干山上山泉缭绕，绿树覆盖，所以这里空气清新无比、环境幽静，气候凉爽，因此它有清静、凉爽的特点。

由于莫干山地处南方，自然就避免不了多雨多雾的天气。莫干山的云雾颇具特色。因为莫干山森林覆盖率很高，所以雾起的时候，整座山就像一片雾海，清翠的林木时隐时现，加上山中的建筑等，恰如海市蜃楼。陈毅元帅游览莫干山后，连连赞叹"莫干好，大雾常弥天，时晴时雨浑难定，迷失楼台咫尺间，夜来喜睡眠。参差楼阁起高岗，半为烟遮半树藏，百道泉源飞瀑布，四周山色蘸幽篁"。

莫干山具有悠久的人文历史，

早在春秋末年，就因为莫邪造剑，而天下皆知了。汉代吴王刘濞曾经在这里模仿莫邪冶铜铸剑。晋代时，莫干山上有很多寺院，据说天池寺有一个和尚，游览莫干山的寺庙，结果一年后才回到天池寺，可见莫干山的寺庙在当时的确很多。

莫干山的顶峰是塔山，海拔724米。塔山的山巅很平坦，山巅周围环绕着绿树，在这里远眺，只见绿树间的建筑若隐若现，引人遐思。"怪石角"位于塔山西侧，它是怪石丛中的一块陡然突起、高十余米的巨石。怪石角的岩石有三层，形势险峻，但是岩石顶面却十分平坦，就像普陀山的磐陀石一样，游人在上面嬉戏而毫无危险。怪石角下面的陡峭山崖处，还有一座名为"松涛亭"的石亭，在这里可以聆听松涛声。

莫干山碑林建于1991年，碑林共有45副，都是我国一些著名的书画家的翰墨，如沙孟海、舒同、赖少其等人。

沿着剑池左边拾级而上，就到了观瀑亭，观瀑亭是一座红顶的六角亭子。在这里可以看到剑池瀑的全景。清朝陈敬弟赞道："剑气销沉尽，寒流自古今。最宜乘雨后，相对坐亭阴。射日惊衰眼，因风送远音。耳根真清净，始觉入山深。"

莫干山不仅有品种繁多的竹，还有很多名贵的林木。山上名贵乔木有柳杉、黄山松、七叶树等150余种，1980年冬被发现的观赏价值极高的野生香果树，被美国植物学家威尔逊誉为"中国森林中最美丽动人的树"。莫干山的自然景色正如陈毅在《莫干山纪游词》中所描写的："莫干好，遍地是修篁。夹道万竿成绿海，风来凤尾罗拜忙。小窗排队长。"

因为莫干山景色优美，气候清凉，因此它有很多结构奇巧、形态各异的别墅200多幢。从东阳籍关勇建造第一幢木结构洋房至今，一般都是古典式的寺庙建筑。山上还有些别墅，外墙用山石垒筑，屋宇是抬梁式或穿斗式木结构，屋檐远挑，外有围廊，有明显的古典色彩。具有现代化风貌的新建筑，大部分是解放后修建的。美、英、法、德等异国风韵的别墅，多建于19世纪末和20世纪初。这也是莫干山的特色。

第十四章　江西省的山脉

一、三清山

三清山位于江西省东北面的玉山、德兴两县市交界处，因为它的主峰玉京、玉虚、玉华三峰像道教鼻祖玉清、上清、太清列坐峰顶而得名。三清山最高海拔为1819.9米。古代叫作"东南望镇"。历代文人墨客留下了"揽胜遍五岳，绝景在三清""江南第一仙峰，天下无双福地"等无数称赞三清山的诗句，现代有人说它"东险西奇，北

夜色中的三清山

秀南绝，美在自然，奇在深幽，兼具泰山之雄伟，华山之峻峭，衡山之烟云，匡庐之飞瀑"。

三清山以自然景色著称于世，它的山峰"奇中出奇，秀中藏秀"，因此被誉为"黄山的姐妹山"。它的自然景色四个方向各有特色：东面的景色以险峻著称，西面的景色以奇异著称，南面的景色以险绝著称，北面的景色则以秀丽为特点。梯云岭景区是三清山自然景观最奇绝的景区之一，它海拔1557米，不但景区范围广阔，而且景物众多，分布在从响波桥、外双溪，经梯云岩、玉台、玉皇顶、南天门到游仙谷一带。三清山"十绝景"中的五个在梯云岭景区：观音听琵琶、司春女神、巨蟒出山、道人拜月和神龙戏松。

玉京峰景区主峰海拔1819.9米，这里是三清山最高、最中心的景区，景区范围从九天应元府、红茶花谷，经郁松岭、跨鹤桥、登真台、玉华峰、玉虚峰，到蓬莱三峰一带。三清山"十大绝景"的"木鱼镇鳌""猴王献宝"就在这个景区，这里是三清山景色最多、最有游览价值的景区。

西华台景区在三清山北麓，它其实是宋、明以来的登山石级古道，这一景区与众不同的地方在于它的气候温和，略带一点湿润，这里的林木也比较多，所以这里适宜于避暑纳凉，因此它有"绿色王国""清凉世界"等美誉。

三清宫景区平均海拔1530米，是三清山道教建筑最多的地方。三清山以道教文化为中心，道教在这里有悠久的历史。据说东晋葛仙出家后就是在这里修道成仙的。明朝为三清山道教活动的鼎盛时期。三清山人文景观也具有自己的特色，如风雷塔是一座用花岗岩琢成的石塔，塔是六面垂檐型的，共有七层，位于三清宫"震"方悬崖边

拥有独特自然景观的三清山

缘，下面是深谷，地势奇险。因为道教文化集中，所以三清山有"清绝尘嚣天下无双福地，高凌云汉江南第一仙峰"的美誉。三清山道教建筑遍布全山，其规模与气势，可与青城山、武当山、龙虎山媲美，因此它博得了"露天道教博物馆"的盛名。

三洞口景区位于三清山西部，其主要特点是从高峰进入幽谷深处都是景观，这是其他景区所不具备的最大特色。三洞口位于由汾水关通往梯云岭去的登山途中。第一洞口形状像虎口，由于它是由虎嘴形山岩组成的，因此被叫作"老虎洞"。第二洞口形状像古井，所以叫作"幽冥洞"，洞是由天然岩石相垒而成，洞深十余米。人须用双手和双脚支撑在洞壁石缝间，慢慢交替着移动身体，一不小心就会跌落洞底，因此游人在过这个山洞时必须加倍小心。第三洞口叫作"阎王关"，因为它的形状像一座雄伟的殿宇。阎王关全部由岩石天然构成。

玉灵观景区距离三清山风门大约有1.3千米，始建于明代景泰年间，后来被大火烧毁。清嘉庆十八年重新修建，但是同样被火烧毁，仅留下残碑断柱而已，后来虽然又重新进行了修建，但是早已没有原来的样子。玉灵观中有一股山泉，由石隙用竹管引入水池，游人路过这里时，可以品尝一下这清冽的泉水。在这里欣赏南谷，你会觉得石峰、石笋就像凌空而起一样，高的有六七十米，低的二三十米，状如山林，由此形成三清山奇特的"石林景观"。

二、井冈山

井冈山位于湘赣两省交界的罗霄山脉中段，是江西省西南的门户。井冈山呈明显的两级阶梯，中部多崇山峻岭，两侧为低山或丘陵。在新民主主义革命时期，毛泽东、朱德等老一辈无产阶级革命家就是在这里建立了中国第一个农村革命根据地，点燃了中国革命的燎原烈火，因此井冈山是融自然景观与革命圣地于一体的国家重点风景名胜区。

笔架山位于茨坪西南35千米处的地方，海拔1357米，主要由中峰

（扬眉峰）、西峰（望指峰）、东峰（观岛峰）三大峰组成，形成一个"山"字形，远远看去就像古代的笔架，因此得名为笔架山。笔架山以险峰、奇石、古松和杜鹃景观为特色，云海和日出为奇观，它的峰崖鬼工神斧，岩石造型奇特。五指峰是井冈山主峰，位于茨坪西南6千米，海拔1439米，它的山峰并列如五指，峰峦由东南往东北绵延数十千米，两边巨峰对立，中间有条深谷，半山腰有一个据说是当年太平天国军驻地的"天军洞"。五指峰山峦叠峰，景色奇特，第四版

百元人民币的背面就是五指峰。

黄洋界位于茨坪西北方向大约17千米处，海拔1343米，这里峰峦重叠，地势险峻。毛泽东在他的诗词《水调歌头·重上井冈山》中写道："过了黄洋界，险处不须看。"形象地描绘出了黄洋界的险境。这里的气候也变化万千，时常弥漫着茫茫的云雾。

井冈山主峰五指峰的云雾，就像汪洋大海一样，所以黄洋界又叫汪洋界。红军当年在黄洋界修建的哨口工事和上山的小路现在还能看到遗迹，红军当年的营房也保存得

井冈山风光

很好。

茨坪位于井冈山的中心茨坪盆地，茨坪海拔826米，是一座幽静、美丽的山城。茨坪的中心是挹翠湖公园，它就像世外桃源中的神湖，静谧幽静。茨坪的各式建筑，都是依山就势修建的。它的人文、自然景观十分丰富，它是当年井冈山军事根据地的中心，也是整个革命根据地党、政、军领导机关和后方单位的所在地，这里有毛泽东、朱德等人的旧居，红四军军部，新遂边陲特别区工农兵政府防务委员会等旧址。茨坪的北端有一座著名的雕塑园，里面有著名的雕塑家用青铜、汉白玉、花岗石等雕成的毛泽东、朱德、彭德怀、陈毅等革命家的雕像。这些雕像神态逼真、栩栩如生，把中国老一代革命家的神韵展示得淋漓尽致。

桐木岭位于茨坪东北面9千米，海拔866米，也是人文与自然景观相结合的景区。这里遍山桐树，春夏桐花盛开，因此有"桐木岭"之称。井冈山斗争时期，红军在桐木岭上修筑哨口，是著名的五大哨口之一，这里有一个总哨口和

三个分哨口，现在哨口棚以及当年的战地痕迹仍然保存完好。

三、庐山

庐山，亦名匡庐、匡山。庐山地处江西九江市南，位于长江中游南岸，鄱阳湖滨，是集雄奇和秀丽于一体的驰名的风景胜地，素有"匡庐奇秀甲天下"之美誉。

传说西周时，有位匡俗先生在山巅结庐，一心修炼。周天子知道后屡次请他出山，又屡遭回避。周天子遂派使者四处搜寻，终于望见匡俗的居所，但遗憾的是，此时匡俗已羽化成仙，仅存所住草庐。后人便呼此山为匡庐、匡山、庐山，都是因为这种说法。实际上，

庐山风光

匡山、庐山之得名，还是与前面提到的山岳形状有关。在《诗经·小雅·信南山》中早有记载：庐山平地拔起，其形恰如"中田有庐"，四周峻拔，中间平凹，山形如箕筐，故而得名庐山、匡山和匡庐。庐山还有敷山之别称。中国古代最早的方志《山海经》中又称庐山为天子都、天子鄣、南鄣山等，形容其雄伟、高大与不凡的气势。

庐山属于中国淮阳弧形山系，是一座地垒式横断山。大约在8000万年前，该地区受到自南、北方向的淮阳弧形山系和江南古陆夹持力量的挤压，出现断裂与褶皱，有的上升为山丘，有的下降为盆地，庐山则因地壳上升而平地突起。到了新生代第三纪的喜马拉雅山运动，庐山又继续呈断块状隆起。此后又经第四纪冰川的作用，庐山雄奇挺秀的姿态，得以突兀于江湖之滨。庐山飞峙于长江边，紧靠着鄱阳湖，占据着得天独厚的地势。凭借湖光江景，它的气势又显得格外雄伟。李白在《庐山瑶》中曾这样描绘它的全貌：

庐山秀出南斗傍，屏风九叠云

锦张，影落明湖青黛光。金阙前开二峰长，银河倒挂三石梁。香炉瀑布遥相望，回崖沓嶂凌苍苍。翠影红霞映朝日，鸟飞不到吴天长。登高壮观天地间，大江茫茫去不还。黄云万里动风色，白波九道流雪山……

庐山正当南斗的分野。古人将天上星宿和地上九州相对应，与星宿位置相当的地域称为"分野"。所以说庐山的高秀挺拔，好像一直延伸到了南斗的旁边。屏风九叠在庐山五老峰的东北，因为高入云霄，俨如天上的云锦般张开。庐山青黛色的影子倒映在鄱阳湖里，山北有双石高竦，名川石门，亦即金阙。三石梁即庐山三叠泉，从五老峰北崖口落在大磐石上，被石激散，喷洒在二级大磐石上经过这两次折迭，散而复聚，又曲折回绕往下倾泻，好像经过三道石桥一般。庐山有香炉峰，与双剑、文殊、鹤鸣诸峰合称秀峰，位于风景最美的山南，峰下有瀑布。"回崖"指山崖曲折，"沓嶂"则指峰嶂重叠。重峦叠嶂，曲折回环，青苍无涯，翠碧的山影与灿烂的红霞在朝阳下相互辉映。东望吴天，长空寥廓，鸟都飞不过去。登高眺望庐山的壮观景象，只见它横亘于天地之间，大江茫茫向东流去，万里黄云在风势中变幻不定。长江至浔阳（今九江）分为九道，波涛滚滚，如雪山奔流。在这首诗里诗仙李白以极大的气魄概括了庐山依山傍水的地形、明秀的风光和壮伟的气势。

庐山作为旅游观光的胜地，其游览起点一般自街心公园开始。在这里，白天能眺望万里长江，夜晚能观看九江城郊和山上的万家灯火。离公园不远的西湖因其形状像琴，又称做"如琴湖"，是庐山上的第二大人工湖。湖南岸是花径公园，迎面石门两边刻着"花开山寺；咏留诗人"的对联，门上横刻着"花径"两个大字，相传此地是白居易咏桃花之处。在牯岭西北处，是悬崖绝壁的天生石洞，洞门上刻有"仙人洞"三个字。门外不足一米即悬崖，崖旁一块横石悬空，叫作"蟾蜍石"。石背裂缝处还长着一株古松，称石松。如遇到云雾，登上此石，有云在脚下飞的感觉，故石上刻有"纵览云飞"四个字，洞口岩石像伸平的手指，称

为佛手岩，岩下就是有名的仙人洞，洞深约有10米，可容数百人，相传这是唐代吕洞宾修仙之地。岩洞深处有"一滴泉"，泉水点点滴滴，清冽洁净，水含矿物质丰富，可浮起硬币。

庐山诸峰中最胜者为五老峰，海拔1436米，巍然耸立在庐山牯岭东南，东临鄱阳湖，削壁千仞，绵延数里。此峰是由大体水平的砂页岩构成，因垂直纹理、崩塌及风化等作用，形成峭壁参差、悬空错立、棱角锋利、层理清晰的伟岸身躯。从山麓明代所建的海会寺仰视群峰，酷似五位长者并坐，"五老峰"之名即因此而得。五峰中以第四峰最高，登峰之极顶，清晨可见朝霞喷吐，傍晚可见落日熔金。此

庐山观云亭

外，五老峰还有一个奇异的特点，从不同的角度看，山姿各异，有的像老僧盘座，有的像诗人吟咏，有的像勇士高歌，有的像渔翁垂钓。诗仙李白在《望庐山五老峰》中，曾这样赞美道：

庐山东南五老峰，

青天削出金芙蓉。

九江秀色可揽结，

吾将此地巢云松。

庐山主峰大流阳峰与五老峰交相辉映，以其雄伟博大的身姿屹立于庐山东南部。此峰为庐山最高峰，海拔1474米，峰顶有汉阳台，据说月明之夜可由此观望湖北汉阳灯火，因而得名。清代诗人曹龙树更有诗句"到此乾坤无障碍，遥从瀛海看蓬莱"，可见诗人登山极顶后有一种一览无余的感受。汉阳台上有石碣四面大字，北面刻有对联：

峰入何处飞来，历历汉阳，正是断魂速楚雨；

我欲乘风归去，茫茫禹迹，可能留命结桑田。

此联是清代光绪年间当时知府王以敏游遍汉阳诸峰时写下的。著名旅行家徐霞客登汉阳峰时，做过这样精确的评价："南瞰鄱阳，水天浩荡，西盼建昌，无不俯首失恃。"汉阳峰上布满黑松，矮小盘结，姿态古雅奇异，在别处罕见。夏天芙蓉盛开，遍布山沟边缘，将此峰装点得分外妖娆。

庐山山体多为砂页岩和变质岩，在断层和冰川作用下，悬崖峭壁、幽谷深壑比比皆是，其中最险奇的当推龙首崖。此崖壁削崖悬，系砂页岩因断层和垂直纹理发育而形成。险崖下临绝涧壁立千仞，由两块巨石构成，一块直立，深不见底；一块横卧其上，直插天池山腰，下面是绝壑，像苍龙昂首，因此起名龙首崖。站在崖上，可听到松涛和山泉之巨响，古人称之"奇绝"。崖下有狮子崖、方卵石、百丈梯等名胜。徐霞客当年就是以这里为起点登山的。

庐山成为驰名中外的风景旅游胜地，不仅在于它的峰峦巍峨挺秀，而且更在于其宜人的气候，绝妙的云景，以及令人心驰神往的瀑布等水景。

盛夏，长江中下游的鄱阳湖盆地，暑气逼人，庐山北麓的九江市，最高温度达39℃以上，而庐山却凉爽如春，有"凉岛"之称，是理想的避暑胜地。此外，坐落在庐山山峦绿荫丛中风格独具的建筑群，千姿百态，展示了世界26个国家的建筑艺术，堪称世界别墅荟萃，享有别墅胜地之美誉。

庐山云雾，诡谲变幻，神秘莫测，每当冷空气南下到此，或是自西南方向的低气压到达前，海拔1000米以上的地方，处处可见波状云连绵成片，犹如滔滔白浪，"瞬息之间，弥漫回合，白如雪，光如银，阔如海，似絮如毡，似烟如练，返照倒映，倏尔紫翠，翻飞滚动，变幻无穷。"庐山云雾中最壮观的要数这云海胜景，云海因云雾受热力和动力影响后不断运动而形成。一旦运动剧烈，则云海四散，化为碎絮飘舞的另一番云景，真所谓"庐山之奇莫如云"。

庐山五老峰与汉阳峰之间有九十九条水汇成三峡涧，这里坡陡水急，涧中多大石，有长江三峡之势，终年急流汹涌，两岸松柏苍翠，涧上横跨观音桥。此桥乃北宋真宗大中祥符七年所造。清道光年间增建石栏桥，是单孔石桥，长24.4米，宽4米，用五排同型大块花岗石砌成一个整体，桥基立于东西悬崖之上，桥孔中刻有建桥纪事，系由九江石匠陈智福、陈智汪、陈智洪兄弟三人所建，古人赞其为巧夺天工，神施鬼设，是古代桥梁建筑工艺的珍贵遗产。

庐山襟江带湖，踞三江之口，当四达之衢，自古以来，无数文人墨客、高僧羽士、文官武将，徜徉于山水之间，怡情养性，乐而忘返，兴之所至，泼墨挥毫，吟诗题咏。汉代历史学家和文学家司马迁是有文字记载的历史上第一个登临庐山的旅行家。东晋的"书圣"王羲之、文学家陶渊明和南北朝的谢灵运都与庐山结下了不解之缘。唐宋以来的李白、杜甫、白居易、苏轼、陆游、范仲淹、岳飞、文天祥等人，无不到此游历。他们在庐山上的一系列活动及其所留下的或多或少的各种痕迹，使庐山不仅山峻水秀，具有自然之美，而且成为中国著名的文化名山，点缀着许多著名的历史文化遗迹。

西北麓的东林寺，是东晋时名

僧慧远所建，是我国佛教净土宗的发源地，在佛学史和文学史上都有重要意义。慧远20岁时从名僧道安出家，学习般若学，于东晋太元六年（381年）入庐山，太元十一年创建东林寺，在此讲学，后又创设白莲社（亦称莲社），倡导"弥陀净土法门"。后世推尊他为净土宗始祖，所以净土宗又称莲宗。东林寺前有一条虎溪，自南向西回流，上有石拱桥，相传慧远禅师苦修30余年，从不出户，就是送客也不过寺门前的石拱桥。若是过了，山上蹲着的"神虎"就会吼叫不止。一次，诗人陶渊明、山南道士陆修静羡名寻访，三人一见如故，谈儒论道。走时慧远禅师送客，三人边谈边走，不觉过了桥，"神虎"突然吼叫起来，三人相视而笑。"虎溪三笑"从此传为文坛佳话。至今在东林寺的佛殿里还挂着一副对联，记述当年的情景：

　　虎溪聚三人，三人三笑语；
　　莲池开一叶，一叶一如来。

　　当然，东林寺之闻名，不仅缘自这个"文苑佳话"，此外其中还保留着许多古迹和文物，有聪明泉、白莲池、石龙泉、出木泉等。此寺曾吸引国内外许多名僧来此求经拜佛，唐时极盛，有三百多间房屋，慧远和东林净土宗的教义也随之传入日本，至今日本东林教仍以庐山东林寺慧远为祖师。

　　历代文人慕名来此的也很多，盛唐著名山水诗人孟浩然有一首《晚泊浔阳望庐山》：

　　望席几千里，名山都未逢。
　　泊舟浔阳郭，始见香炉峰。
　　尝读远公传，永怀尘外踪。
　　东林精舍近，日暮但闻钟。

　　全诗没有一个字正面描写山寺的形貌，而是着力传达其幽深远俗的神韵，进而达到"不著一字，尽得风流"的境界。李白、白居易也有题西林寺的诗篇，尤以白居易为多。白居易曾在唐元和十年被贬为江州司马，途经浔阳。他在游庐山时，恰寄宿在东林寺，由于酷爱传为慧远所凿的莲池，遂写了《东林寺白莲》一诗：

　　东林北塘水，湛湛见底清。
　　中生白芙蓉，菡萏三百茎。
　　白日发光彩，清飙散芳馨。
　　夜深众僧寝，独起绕地行。

现在东林寺内主要建筑有神运殿、三笑堂、念佛堂（又称十八高贤影堂）、文殊阁等。神运殿后东窗下嵌有柳公权真迹残碑。念佛堂是当年慧远与雷次等十八人结白莲社共修净土、念佛诵经的地方。白莲社在后代文学作品中成为常用的典故。如今，寺前虎溪虽早已湮没，但虎溪桥尚存。历代文人在这里所题诗篇，都刻成石碑陈列在寺内。除有大书法家柳公权的真迹残碑外，还有李白、白居易、陆游、岳飞、王阳明等人的碑刻。

东林寺西面还有一座西林寺，最初是晋代沙门竺县的禅室，东晋太元二年（377年）始建为寺，比东林寺要早，唐宋两代香火很盛。元、明、清几度废毁重修，现尚存一栋殿宇。这里也有许多历代文人的题咏，白居易有《宿西林寺》，而苏轼的《题西林壁》更是尽人皆知。

梦幻仙境般的庐山

继东林寺、西林寺，又有归宗寺、大林寺等宗教建筑兴建。隋唐至五代，佛教势力兴盛时，庐山到处是浮屠。明、清时期，庐山佛事曾被朝野视为盛举。清乾隆时，庐山有归宗、秀峰、海会、栖贤、万杉等"五大丛林"；有东林、西林、大林、文殊、天地、圆通、铁佛寺等70多处寺庙；还有紫云、碧云、卧云、黄龙等20多处庵堂和楞伽、福海、上方等8处禅院。这些大大小小的庙宇，掩蔽在奇松怪石之中，飞瀑流水之后，钟楼之声伴随着肃肃松涛，诵经之音夹带着淙淙泉鸣，宁静中呈现出一片神圣端庄的气氛。庙宇与名山胜水、古树奇花浑然一体，构成别具一格的庐山佛教园林。

庐山归宗寺后有个羲之洞。据记载，王羲之为浔阳太守时，曾在庐山南部游览，解职后便在金轮峰下居住。东晋成康六年（340年），他的住宅被改为归宗寺。现寺已废，仅存铜鼎、巨钟各一座。寺后金轮峰下有玉帘瀑，落差40米，泻入深潭，潭旁有一石洞，洞中有乱石，可卧可坐，洞外有石屋残墙和石拱桥，这是王羲之读书练字的地方，人称羲之洞。洞东1千米，溪间一池，这是当年王羲之的鹅池。因他天生喜鹅，遂养鹅于此池，并在此练习鹅字。现池旁有历代文人留下的石刻。

庐山牯岭西北的悬崖绝壁上有两处遗迹，一是仙人洞前观妙亭下的"访仙石"，一是仙人洞旁锦绣峰的御碑亭，这两处都与朱元璋在鄱阳湖大战中得到周颠帮助的故事有关。

朱元璋在元末参加红巾军起义，至正十六年（1356年）便攻占了建康。至正二十年，徐寿辉被自己的部将陈友谅所杀，陈友谅自立为皇帝，国号大汉，并攻击太平，直入建康，在江东桥被朱元璋击败。至正二十三年，朱元璋与陈友谅在鄱阳湖会战，陈友谅中箭身死，金军大败。第二年，陈友谅之子投降。传说在鄱阳湖大战之时，有一个名叫周颠的疯和尚在南昌要饭，口唱"太平歌"，说朱元璋可做皇帝定太平。朱元璋得知后欣然邀他同行。作战时风雨大作，周颠于是立在船头向天呼叫，不一会儿就风平浪静了。后来周颠告辞，朱元璋问他要去哪里，他只答说："我是庐山竹林寺的僧人。"朱元璋定都南京后，派人去庐山寻访周颠，不见其人，相传他已乘白鹿升天，于是朱元璋命人在峰下建访仙亭，"访仙石"就是当年使者寻找周颠的地方。又在锦绣峰上建御碑亭，亭内巨碑高达4米，碑上刻有《周颠仙传》和朱元璋所作的《颠仙诗》。

此外，庐山秀峰丛林之中还有一处李螺读书台。李螺即南唐中主，擅长填词，虽仅存四首，但首首绝佳。相传他当太子时曾在庐山读书。读书台故垒有石亭，亭内碑石为康熙帝所临摹米芾所书的碑石。台下石岩涧，刻有黄庭坚在北宋元祐六年写的"七佛偈"，还有明代哲学家王阳明的题字。

在庐山东南山麓的五老峰下，有中国最早的书院，也是宋代最高学府之一——白鹿洞书院，它与睢阳、石鼓、岳麓三个书院齐名，合称"天下四大书院"。它是唐朝李渤读书隐居处。传说李渤曾养一只白鹿，此鹿能通人性，李渤欲购买书墨纸砚，只要将袋子与钱系在

庐山龙首崖风景区

鹿角上，白鹿即能来到城里，如数购买，因此人称此鹿为白鹿先生。这里四山回合，俨然如一天然山洞，故称白鹿洞。到了南唐升元时期（937～942年），这里正式建成"庐山国学"，于宋初扩大为书院。在遭战乱焚毁后，宋代理学家朱熹上书孝宗皇帝重建书院，并在此亲自讲学，为当时社会培养了不少优秀人才。白鹿洞书院在我国教育史上占有重要地位。

白鹿洞书院原有古式建筑360多间，殿宇书堂、楼台亭榭、莲池小桥及牌楼石坊错落有致，布局得当。这里胜迹如林，古林参天，景

色静谧优美，于1988年被国务院列为重点文物保护单位。

庐山南麓黄龙山下有温泉，原名"古灵汤院""星子温泉"，可治疗关节炎、胃病、支气管炎、皮肤病和神经衰弱等疾病。李时珍曾记"庐山温泉有四孔，可以熟鸡蛋"。白居易还专用一首诗吟咏庐山温泉：

二眼汤泉流向东，

浸泥烧草暖无功。

骊山温泉因何事，

流向金铺玉凳来。

庐山不仅风景奇秀，云雾缭绕，具有众多的人文景观，而且因其气候适宜，土壤肥沃，又有丰富的物产，远近闻名。

庐山云雾茶乃中国十大名茶之一。它叶绿匀齐、条索紧细、青翠多毫、汤色澈明、馥郁芬芳、营养丰富，为茶中绝佳之品，宋代时被列入"贡茶"。清朝诗人王世懋还曾作诗赞美庐山云雾茶：

金芽碧玉云中生，

赞美桃李莫如君。

五老峰下成绿海，

茶香千里万年名。

生长在庐山悬崖绝壁上的石耳，也是庐山的著名特产。它属一种地衣植物，体扁平，表面布满褐色绒毛，底面光滑灰白，形似木耳，故称石耳。石耳营养丰富，含肝糖、胶质、铁、磷、钙等多种营养，是一种高蛋白质滋补品。李时珍在《本草纲目》中记载："石耳，庐山亦多。"又云："石耳气味甘、平、无毒，久食益色，至老不改。"

庐山还生长一种名叫石鸡的蛙类，因其肉质细嫩，胜似鸡肉而得名，是一种味道鲜美、营养丰富的名贵佳肴。它主要生活在庐山涧水岩洞或石缝中，又喜在峰峦奇秀、林壑幽雅、浓阴遮蔽的峡谷飞瀑泉中栖生。

石鱼因巢栖庐山深潭、河谷泉水石隙中而得名，体色透明，体长一般在30~40毫米左右，为鱼类中最小的一种，是名贵食用鱼类之一，滋补名菜。

"匡庐奇秀甲天下"，集雄奇、俊秀于一身的庐山，以其挺俊的山峰、变幻莫测的云海、神奇多姿的飞瀑流泉、众多的历史古迹和适宜的气候而闻名中外，它像一颗璀璨的明珠镶嵌在长江之滨，成为中华大地的一枝奇葩！

四、龙虎山

龙虎山位于江西省鹰潭市，东起冷水鬼公洞，西到余江洪湖马祖岩，南至贵溪圣井山、琵琶诸峰，北达余家紫云峰，总面积为220平方千米。龙虎山原名云锦山，据史籍记载，东汉顺帝年间，沛国人张道陵与弟子到云锦山炼"九天神丹"，后来神丹炼成，出现了龙虎，于是云锦山随之改为龙虎山。因为张陵在这里炼成了神丹，所以龙虎山的道教很兴盛，龙虎山也由此成为道教名山。

龙虎山有很多道教建筑，最为著名的建筑群有三处：上清宫、正一观和嗣汉天师府。

上清宫位于上清镇东头，是我国规模最大、历史最悠久的道宫之一，始建于东汉，它的高度比皇宫仅矮0.3米，由此可以看出龙虎山的道教在当时是多么显赫。上清宫整个建筑以三清殿和玉皇殿为中心，共有八座山门。原来的建筑绝大部分已经被毁。到解放时，只剩下大上清宫门楼、钟楼、午朝门、下马亭。残存的唯一道院是东隐院，东隐院创建于南宋年间，后因忽必烈十分器重该院道士张留孙，东隐院因此得以修缮。现在院中的善恶井、梦床、神树等文物古迹，仍然不失为旅游的一大看点。

位于龙虎山主峰下面的正一观，是祖天师张道陵在龙虎山最初炼"九天神丹"的地方。汉朝末年，第四代天师张盛，为了祭祀祖天师，于是在祖天师草堂遗址处修建了"祠"，后期改称"天师庙"，宋代称"演法观"，明代重新修建，并且扩展了它的规模，敕封为"正一观"。正一观主要建筑有玄坛殿、仪门、钟鼓楼等，但可惜的是它们都已经被完全毁掉。

嗣汉天师府，也叫作"大真人府"，是历代张天师起居和祭神的所在。它位于上清镇中央，向来有"龙虎山中宰相家"之称，它是一座王府式的道教古建筑。府门坐北朝南，高大宽阔，气势雄伟。

龙虎山山水奇绝，风光秀丽，它有99座山峰、108处人文和自然景观。仙水岩是龙虎山景点最集中的景区，这里风光绮丽，有"十不得"胜景。

"道堂坐不得"岩形状像道教做法事的道堂，因为它下面是水流湍急、波浪汹涌的无底深渊，所以被称为"道堂坐不得"。"尼姑背和尚走不得"峰形状像依偎在一起的夫妻，因此也叫作"夫妻峰"。奇特无双的仙女岩，又称"仙女配不得"，可以说是"天下第一景"。它在泸溪河水涯一道碧湾里，就像一位刚从泸溪河出浴归来尚未穿衣的仙女，形态逼真，令人叫绝。"莲花戴不得"峰在仙桃石的附近，它是一丛像莲花一样绽放的石峰，因其形似花瓣朝天的水中莲，得名"莲花峰"。"叩山桃吃不得"峰状如一个大桃子，传说这是孙悟空从王母娘娘的蟠桃会上偷来的仙桃。"丹勺用不得"岩形状像一把炼药用的勺子。"云锦披不得"峰色彩鲜艳，形状像一面红艳艳的云锦，云锦峰是龙虎山丹霞地貌最杰出的代表作。神鼓石，又称蘑菇石，被叫作"石鼓敲不得"。"剑石试不得"峰状如一块被刀劈成两半的试剑石，被叫作"剑石试不得"。远远望去，那座石山真的像用宝剑劈开了一条缝，所以又叫作"一线天"。"玉梳梳不得"石状如一断齿的梳子，横亘于泸溪河中，传说它是昆仑山上生长了八百年的黄杨木精所变的御梳，是天宫稀世之宝，后来不慎掉落人间。总之，每一个胜景都有自己美丽的神话传说。

第十五章　福建省的山脉

一、武夷山

在福建和江西两省边界上，耸立着许多高大的山岭。它们脉络相连，形成一条巍峨挺拔、秀丽多姿的山脉。这就是闻名国内外的武夷山脉。武夷山脉东段就是著名的武夷景区，方圆70平方千米左右，是由红色沙砾岩构成的丹霞地貌，景观极为丰富，自古以来就有"碧水丹山""奇秀东南"之誉。

关于武夷名称的来历，有一个美丽的传说。在古代，有个名叫彭祖的人，来到崇安西南部居住。当时，那里的洪水泛滥成灾，民不聊生。彭祖有两个儿子，大的叫彭武，小的叫彭夷，便开山凿石，挖了一条河道，疏干了洪水。这条河就是现在崇安的九曲溪。人们为了纪念他们，就把他们兄弟俩在开挖河道时堆叠起来的土石山称做"武夷山"。再后来，雄峙闽赣边界的大山脉也被统称为武夷山脉了。

武夷山在我国各大名山之中，独具一格。它有36座山峰，有9.5千米长的九曲清溪，溪水迂回曲折，在众峰中穿流环绕。沿溪水泛舟而下，两岸青山碧色倒映在清波里，仿佛是"人在画中游"。

36峰姿态各异，而且一峰多姿。最高的三仰峰海拔717米，最低的仅300米，山峰不高却峰峰奇险。大王峰的"百丈危梯"架在垂直的岩隙中，转折数重，仅能容一人，经险径再攀登一段悬岩才能达到绝顶。此外，如白云岩、大游峰、幔亭峰、虎啸岩等都很难攀登，有的则根本不能攀登。九曲溪全长9.5千米，穿流于群峰之间形成九个大小不同的转弯，游人驾着竹筏顺流而下，仰视两岸山峰的悬崖峭壁需要70度左右的仰角，有的河段甚至需要接近90度。从清澈的九曲溪逆流而上，人们只需凭一只竹筏，就可以饱览武夷九曲的风光，细细领略沿岸的胜景。

第一曲，在九曲溪和崇阳溪汇流的地方。左有狮子峰、观音岩，右有幔亭峰、大王峰。大王峰海拔530米，是著名奇峰之一，峰顶古木参天，上大下小，好似锥子直立，奇险万状。

第二曲，左有兜鍪峰、玉女峰，右有铁板嶂、翰墨岩。玉女峰石色红润，宛如玉石雕就的一个美貌女郎，伫立溪旁。她的那种天然异姿，曾叫多少游人为之倾倒。峰下碧绿清澈的"浴香潭"，相传是玉女沐浴的地方。

第三曲，左有小藏峰、大藏峰，右有会仙岩。小藏峰高峻挺拔，仰望岩壁石隙间，有两船架于横木之上。这就是"架壑船""虹桥板"古迹。据说，自秦代至今，任凭风雨摧凌，不朽不坠。许多人好奇，多次攀取，都没成功。1978年9月，考古工作者在太庙村离地表51米高的悬崖洞穴内取下一具距今2000多年的奇特古棺。这具船形棺木是由整段大楠木凿成的。全棺分底、盖两部分，棺盖与棺身接合处为子母口套合，未施钉铆，棺内有一副身高1.7米的男性老年人的完整骨骸，由人字形的竹席包衬着，棺内还有陶器和麻织品等随葬品。据初步考证，这种船棺大约出自青铜器时代，这种葬俗称为"岩棺葬制"或"船棺葬制"，是这一地区的古越部族的一种特殊葬俗。据《汉书》记载，古越族是生活在水上的，船是他们日常生活中的主要工具，因此给死者以船棺作葬具，让其在阴间继续享用。由于这种船棺都葬在离地表很高的峭壁岩

武夷山风光

洞内，后人又给它涂上神仙鬼怪的色彩，冠以"仙棺""仙船""仙艇"之称，所以，便显得神奇莫测了。

第四曲，左有鸡栖岩、晏仙岩，右有仙钓台、希真岩。

第五曲，左有更衣台、天柱峰，右有隐屏峰、接笋峰。南宋著名学者朱熹于淳熙十年（1183年）辞官归来，在隐屏峰下，修建"武夷精舍"，借名山胜水，招徕弟子，不遗余力地授业传道，培植信徒。后来"武夷精舍"又几经修葺，最后才改为"朱文公祠"。

第六曲，左有晚对峰、响声岩，右有仙掌峰、天游峰。从天游峰纵目四望，那碧绿的溪水环绕山间，秀丽的山峰拱卫在周围。因此，天游峰有"武夷山第一胜地"之称。仙掌峰是天游峰的最高处，因其峰壁长年受到来自峰顶的流水侵蚀，深深凹陷，状如指痕，故得此名。

第七曲，左有城高岩，右有三仰峰、天壶峰。大仰、中仰、小仰合称为"三仰峰"，耸拔相连，形如马鞍。大仰峰是崇安武夷的最

峰岩林立的武夷山

高峰，海拔754米。登峰游览，似上云梯。在顶峰纵目四望，武夷全景，尽收眼底。

第八曲，左有大廪石、海蚱石，右有鼓楼台、鼓子峰。鼓子峰右壁，有一圆形小峰，上大下小，状如大鼓，用石敲击，会发出鼓声，因此得名。

第九曲，有白云岩，又名灵峰。悬岩壁立，岩际常有云气飘游。它的右边是毛竹洞，山背有丹霞峰，石色丹赤，雄峙如城垣，层层叠叠，长数千米。白云岩东边有水帘洞，瀑布从悬岩绝壁倾注而下，水花四溅，宛如珍珠水帘，晶莹可爱。

武夷的秀美，是融36峰之山色与九曲之水相互交织而成，若缺少

武夷山九曲泛舟

一方，就不会有这样奇妙的效果。宋代大学问家朱熹深知其中之奥妙，不仅选择九曲中风景最为幽美的隐屏峰下筑精舍"紫阳书院"，还写过《九曲棹歌》，着意描述了九曲的旖旎风光。

武夷山区还是我国长江以南最重要的产茶区之一。人们把武夷岩茶和浙江杭州西湖的名茶——龙井茶相提并论。

宋朝名人范仲淹和章眠的《斗茶歌》里，有"溪边奇苔（茶）冠天下，武夷仙人从古栽"的诗句，对武夷岩茶称赞不已。苏轼在《咏茶》诗中写道："君不见，武夷溪边粟粒芽，前丁后蔡相宠加，章新买宠各出意，今年斗品充官茶。"清朝康熙年间，武夷岩茶已远销东南亚和西欧许多国家。

二、万石山

万石山距厦门市区仅0.5千米，因岩奇石怪、千姿万态，得名万石山。该景区以山岩景观和亚热带植物景观为主。这大概是厦门除鼓浪屿之外最有特色的游览区。它又与雁荡山、黄山的奇峰不同。万石山上或藏或露于绿树丛中的石，数量很多，大小不一，一般不过四五米高，因此除少数称为峰以外，多称为石或岩。

厦门市24景中的"天界晓钟""万笏朝天""中岩玉笏""太平石笑""紫云得路""高读琴洞"等均在此处。

万石山的石头千奇百怪，有的像人，有的像物。其中"象鼻峰"和"石笑"最有趣。"象鼻峰"是一块很像象鼻的岩石，向上伸着，略微弯曲。象鼻峰对面是碑林景区，刚劲有力的题刻处处可见。古今名人墨客各占一石，似乎占山为王，不过，爱好书法的游客不妨流连驻足，兴许有些收获。"石笑"是一块岩石，裂开一大口，从侧面看像是在开口大笑，旁有题刻"石笑"二字，题诗有"笑中多乐事，惟有不能言"之句，被誉称"太平石笑"，为厦门小八景之一。这里还有郑成功当年读书的遗迹。

这里最有名的人文建筑应该说是万莲寺。万石山上原有24座寺，其中较大的有10座，现在多已毁坏。万莲寺是保存得较为完整的一座。它始建于明代，清康熙年间重建。古朴的寺院由花岗岩筑成，结构精巧，殿台错落有致，处于万石丛中，故名。大雄宝殿及禅室僧房都有参差的巨石相映衬，清幽典雅。寺前海会桥下泉水淙淙，宛如仙境。据说这是个女出家人的修炼场所。这座寺建在岩石上，规模不大但精巧别致。在寺的山门前面有天然岩石形成的月池，寺后有四五块大石，遮天蔽日，而石缝中又有几株榕树，寺前的一块大岩石上，有古代诗人赞美此处岩石的诗刻。岩额有"万笏朝天"石刻。岩下幽静流泉，别有洞天，被称为小桃源。附近溪边有"锁云"石刻，相传为郑成功杀郑联处遗迹，位于狮山主峰。

1952年，国家修建了万石山水库，使此地成了一个充满大自然气息的湖光山色之地。周围拓建万石植物园。万石植物园是独具一格的公园和植物园的结合体。植物园内拥有4000多种热带、亚热带植物，郁郁葱葱，堪称"绿色博物馆""城市园林"。园中不乏珍贵

树种，其中一座古榔榆盆景，树龄已300多年，曾印制成盆景邮票。在水库前建成了厦门解放纪念碑和烈士陵园，碑上镌有陈毅元帅题写的"先烈雄风永镇海疆"八字，气势宏伟。辟有棕榈、竹类、兰花、盆景、药用植物等20多个植物区、圃和展览室，栽培数以万计的热带、亚热带植物，因富于科研成果而闻名海内外。

醉仙岩位于万石植物公园西部，包括醴泉洞、天界寺和长啸洞等景点。天界寺居高临下，"天界晓钟"是闻名遐迩的一景。寺后众多摩崖石刻，以长啸洞前明万历年间征倭诸将诗壁尤为珍贵。

"虎溪夜月"是厦门大八景之一。明万历年间，名士林懋时在岩间辟洞，建棱层石室（亦名"棱层洞"），并在洞顶题刻"棱层""攀天"楷书，字径数尺，笔力雄健。洞旁建有佛殿、僧房，还有鲤鱼法、虎牙洞、夹天径、一线天、飞鲸石等景。山间岩石密布，古榕盘踞，奇险天成。农历每月十五晚，皓月东升，照在洞内的泥塑罗汉和老虎上，影随光幻，泥虎仿如活虎，极富神秘色彩，因而每当中秋之夜，游人万千，争观神奇佳景。

万石山公园还有一个有名的游览地是万石湖，波光粼粼的水面倒映着蓝天白云，山水相间，活生生的一幅泼墨山水画。万石湖左侧有松杉园、竹径、多肉植物区。松杉园中松杉百种，其中有堪称"活化石"的水杉、银杏，有世界三大观赏树——中国金钱松、日本金松、南洋杉；竹径丛中竹影婆娑；仙人掌组成的多肉植物区，更显园林之广。万石湖右侧，有邓小平亲手种植的大叶樟。南洋杉草坪，休闲旅游最佳。棕榈植物区是全园的核心。棕榈园边的百花厅，鲜花丛丛，名贵花卉应有尽有，令人流连忘返。

三、太姥山

太姥山是闽东第一胜景，位于福建省东北部，在福鼎市正南距市区45千米，整个景区面积为92平方千米。太姥山最初叫作"才山"，传说在尧时，山中有一位种花的老妇人，一次无意中碰到了修炼成仙

太姥山无俗山

的道士，得到指点的老妇人也成仙升入天界，后人尊之为"太母"。汉武帝命东方朔考察天下名山，太姥山被列为36名山之一，并写上"天下第一山"为记，才由此改名太姥山。因为它山海互相辉映，所又以被誉为"海上仙都"。

太姥山位于东海之滨，所以显得格外雄伟壮观。它的主峰摩霄峰海拔917.3米。另外还有覆鼎峰、新月峰、笔架峰、仙药峰、莲花峰等45座山峰，这些山峰都在海拔500米～900米之间。覆鼎峰因形状像覆鼎而得名。新月峰又名观日峰，是观赏海上日出的好地方。

太姥山的岩石造型奇特，有各种各样的形态：如"仙人锯板"

"金猫扑鼠""九鲤朝天""二佛谈经"等，形成360多处奇景。"九鲤朝天"石就像九条在水面飞跃的鲤鱼。"和尚讲经"石活像一个和尚身披袈裟坐在经坛上捧着经书面对东海说法。

太姥山由于地处沿海，因此有很多曲折幽深的岩洞。这些岩洞洞中有洞，洞中套洞，洞洞相连，洞中有景，如通海洞与通天洞相映成趣，上通下达，非鬼斧神工不能为。整个太姥山就是一个迷洞世界，如果有常迷路的人去了，要想找到出路恐怕有点困难。

太姥山靠近大海，又地处天气多变的南方，所以常常是烟雾弥漫，但是这里的雾不仅仅是雾，在雾中还有许多奇观，所以古人对这种天气赞赏为"云雾多变尽奇观"。

虽然太姥山地处偏隅，但是因为它的景色奇特优美，所以太姥山在唐宋时就已经十分兴盛，寺庙建筑更是众多。全山有36座寺院，其中以国兴、瑞云、灵峰、芭蕉、天王等寺规模最大。山中还有历代名人的"天下第一山""山海大观""道仙佛地"等几十处摩崖石刻。

四、清源山

清源山位于福建泉州市北郊，距泉州市区仅1.5千米，主峰海拔498米，面积62平方千米，主景区距泉州市区3千米。

关于它的得名，据《方舆揽胜》一书载："山有石乳泉，澄洁而甘，其源流沿下达于江，建郡时，以清源名。"清源山又名北山、泉山、齐云山。泉州是我国"海上丝绸之路"的起点。清源山随泉州的兴起，在宋元时代盛极一时，名胜古迹遍布，包括九日山、灵山圣墓和西北洋四大景区，峰峦起伏，石壁参差，林幽壑深，岩石

林木苍翠、泉流飞瀑密布的清源山

遍布。山间水景多姿，泉、涧、潭、瀑有135处。山脉绵延20千米，象形岩石，千奇百怪，盎然成趣，多处胜景天成，为泉州四大名山之一。

清源山右峰峻峭，中峰巍峨，左峰逶迤。层峦叠嶂，壑深洞幽，曾以36洞天名其精华景物。错落于千岩万壑之中的文物古迹，既有道教的清源洞、老君岩等，又有佛门的千手岩、弥陀岩、瑞象岩等，大小不下十几处。寺观亭台，不可胜数。老君岩（又名羽仙岩）有一尊由一整块天然岩石雕刻而成的老君坐像，高5米，面部端庄慈祥，造型生动、刻工精巧，任凭风霜雨露侵蚀上千年，至今神态生动，一如往昔。它是我国现存最大的道教石雕像，被列为国家级重点保护文物单位，人们誉之为宋代石像雕刻艺术的杰作。

古人说，清源之奇以石，清源之灵以泉。

清源山左峰山腰，有赐恩岩。相传此山是唐朝皇帝赐给刺史许稷的，故名赐恩岩。又有说南宋宰相李邴隐居于此，曾四次受朝廷恩赏，故也称"四恩"。赐恩岩佛殿里有宋刻白衣观音造像，寺后巨岩连壁，极为壮观。此间有多处明清摩崖，其中有明代思想家李贽撰的对联："不必文章称大士，虽无钟鼓亦观音。"

弥陀岩位于左峰山腰"一啸台"上。峰峦挺秀，林泉幽深，为清源山风景最佳处。元至正二十四年（1364年）依石壁建仿木结构石室，门额刻"阿弥陀佛"。室后壁岩面浮雕阿弥陀佛立像，高5米，为省重点文物保护单位。附近还建有弘一法师李叔同墓亭。亭前的摩崖上有中国佛教协会会长赵朴初题写的"千古江山留胜迹，一林风月伴高僧"诗句刻石。附近有"泉窟观瀑"岩，还有"一线天""云台""连心石"等名胜。历代名人留下的摩崖石刻不少。

碧霄岩，位于弥陀岩东南方，原有石构建筑已废。岩壁上浮雕三世尊坐像，为省重点文物保护单位。北宋元祐二年（1087年）依天柱峰山石雕刻"释迦瑞像"立姿，石雕依照岩石的天然形态雕成，高4米，宽1.5米，造型庄严大方，是宋代石雕艺术佳作。外面有花岗岩石室保护石像，周围奇石林立，如群僧侍立，又有石龟、石城、石门与石庙诸胜，是一个奇妙的石景世界。岩室对面为罗汉峰，断岩侧立，形如罗汉，构成十八罗汉朝瑞像奇观。

清源山的泉有100多眼。著名的有"孔泉"，也称"虎浮泉"，泉从一斜卧大山石孔隙中进出，汩汩细流，绵延不绝。据传泉州及清源山别名泉山，即由此泉而来。

历代文士、武将、高僧、权贵游山，留下400方碑刻和崖刻。北宋米芾的"第一山"，明将俞大猷的"君恩山重"，现代高僧泓一法师遗墨"悲欣交集"，备受景仰。曾在清源山上结庐读书而成就颇丰的有唐代的欧阳詹、林蕴、林藻，明代的李光缙、王慎中、顾碧等。在清源山修行和羽化的道长、高僧不乏其人。清源山流传无数的典故、传说、神话等，使名山更具深刻的文化内涵。

清源山风景区人文景观众多。中外驰名的开元寺是闽南规模最大的古刹，全寺占地7万平方米。寺内莲宫桂宇，焕彩流丹，刺桐掩映，古榕垂荫，气宇轩昂，景色幽美。大殿奉以传为唐玄宗"御赐佛像"释迦牟尼居中的五方佛，为闽境梵刹所仅见。历来被视为泉州城标的东西两石塔，东塔名镇国塔，西塔叫仁寿塔，相距200米，坐落在开元寺东西两边，巍然对峙，极为壮观。

清源山道教佛教并存，各创灿烂文化。还有伊斯兰教的灵山圣墓，埋葬有两位穆斯林先贤，被誉为"世界第三麦加圣地"。

清源山属南亚热带海洋性季风气候，雨量充沛，植被丰茂，四季景观各异，"桃李报春，椿荫蔽夏，红叶送秋，松竹伴冬"。万木竞长，植物达千种以上，古木珍树争奇斗艳。赐恩崖前一古樟，树龄上千年；"泉窟观瀑"崖前的台湾洋蒲桃树，也在此种植300多年了。

对清源山，元人赞誉"闽海蓬莱第一山"，"清源鼎峙"为泉州十景之一，历来供游客登临览胜。

第十六章　河南省的山脉

◉　◉　◉　◉　　◉　◉　◉　◉　◉　◉

一、嵩山

嵩山位于河南省中部，主体在登封。夏商时称嵩高山，西周时称岳山，东周时始定为中岳，唐称神岳，五代后定名嵩山。嵩山雄伟峻峭，为五岳之一。

嵩山地近开封、洛阳二古都，历史上多有帝王驾临，文人历醇，宗教器重，为文物荟萃之地。现存主要名胜古迹有中岳庙、少林寺、嵩阳书院、北魏嵩岳寺塔、法王寺、汉三阙、观星台等。

嵩山，属于伏牛山的一支余

嵩岳寺塔

脉，由东向西绵延30多千米，气势磅礴，像是横卧在中原的巨人，所以有"嵩山如卧"的说法。山主体由变质的坚硬石英构成，花岗岩、片麻岩和石灰岩等呈局部分布。距今约17亿～19亿年前，嵩山经强烈的地壳上升运动，断裂上升为高出豫东平原千米以上的山地。后又经多次剥蚀、抬升，最终形成了今日群山耸立的山体。

提及嵩山，人们都会情不自禁地想到我国禅宗发祥地——少林寺。少林寺实乃举世闻名的"天下第一名刹"，嵩山也确实因这一古寺而驰名中外，然而嵩山之著名绝不仅限于此。

右史，历代帝王都曾到过这里封禅。古代传说夏族的保护大神青帝住在中岳，他主管天下草木的生长，人间帝王在这里祭祀，可以与神相会。汉武帝游嵩山时，听见山中有三呼"万岁"之声，于是下令扩建中岳庙。武则天也多次来此封禅。

太室山上浓荫蔽日，草木茂盛，苍翠欲滴，山间泉溪潺潺有声。站在峰顶极目远眺，辽阔的中原，景色绮丽，处处锦绣。峰顶中

央的一处残碑，据说是清乾隆皇帝登山赋诗的遗迹。

在山体南麓，历代曾多次兴建庙宇书院。最东端的中岳庙，位于登封县城东四千米的黄盖顶下，是我国五岳之中现存较完整的一所岳庙，也是我国最罕见的道教庙宇之一。它的前身是秦汉时的太空祠。庙址屡有变迁，唐中叶始定于现址，以后历代都有所修葺。现在庙制基本上保持清代以后重修的规模。庙内建筑有400余间，从中华门起，有十一进院落，长达600多米，面积10余万平方米。

庙宇布局严谨，古柏森森。一条甬道贯通七进大院。甬道两旁，碑碣如林，铸像挺立。穿过化三门，迎面是四座石雕栏杆的平台，这是四岳殿基，分别代表着东岳泰山、西岳华山、南岳衡山、北岳恒山。遗憾的是，四岳大殿于1944年被日军的飞机炸毁，只存下了四座殿基。

目前保存下的是中岳大殿，是明代改建的一座九脊重檐殿式建筑，为河南现存最大的寺庙殿宇。大殿计45间，红墙黄瓦，甚是气

派。殿内雕梁画栋，天花板上绘着飞龙翔凤，工艺精巧，惟妙惟肖。

中岳庙门前的太室阙、原汉代少室山庙前的神道阙以及原汉代启母庙前的启母阙，称为"中岳汉三阙"，太室、少室阙均用篆书题额，启母阙铭为小篆，都是汉人篆书中最著名的。汉三阙身上都雕刻着五六十幅画像，内容与通常汉石刻像类似，有人物、车骑、马戏、杂技、日月及历史故事等。现少室阙在少室山下邢家铺村，启母阙在南麓万岁峰下。

启母阙是为附近一块名为"启母"的巨石兴建的。关于这块石头，有一个著名的传说。启是指夏启，启母即是夏启的母亲。传说当年大禹治水，通轩辕山，化而为熊。对妻子涂山氏说："给我送饭，听到鼓声再来。"大禹跳在石头上，误碰鼓，涂山氏遂赶去送饭，却见大禹正变成熊的样子，很羞愧，于是走到嵩山下化成石头，将生夏启。大禹追至此，说："还我儿子！"只见石头朝北方裂开，启便生了出来。

汉景帝名启，为避讳，将启母阙又改为开母阙。阙上有小篆铭文，下半部尚完好，字体道劲俊逸，是书法中的精品。

此外，中岳庙内也有石刻碑碣百余座，其中北魏的《中岳嵩灵的庙之碑》沉古朴质，最为著名，康有为将其列为十家北碑之首，赞其"沉异奇古"。除了名碑，中岳庙前的汉刻石翁钟、庙内的四尊宋代铁铸人以及庙南500米处的汉三阙浮雕，也都是古代艺术佳品。也正因为此，中岳观才被列为全国重点文物保护单位。

从中岳庙向西约5千米处是嵩阳书院，它与商丘的应天府书院、庐山的白鹿洞书院，及岳麓山的岳麓书院，并称为宋朝四大书院。嵩阳书院原名嵩阳寺，隋唐时改名嵩阳观，宋初名太室书院。书院名称起始于唐朝，是官方藏书、校书，或私人读书治学的地方。"嵩阳书院"的名称得之于宋仁宗景祐二年（1035年）。北宋著名理学家程颢、程颐都曾在此讲学。

书院内原有古柏三株，西汉元封元年（前110年）汉武帝游嵩山时，见三棵出类拔萃的高大柏树，戏言封之为"大将军""二将军""三将军"。其中"三将军"毁于明末大火，今仅存两株。"大将军"周长6米；"二将军"高30米，周长15米，十人拉手才能将其围绕，躯干中间有一大洞，表皮虽有脱落，但依然苍劲茂盛。被封迄今，古柏已有2000余年历史，估计树龄至少也有3000岁。

书院外面西南角有《大唐嵩阳观纪圣德感应颂碑》，碑文作者是李林甫，是盛唐时因口蜜腹剑而留下千古骂名的奸相，但其书法却刚劲飘逸，是唐代隶书中的上乘之作。

嵩山西南麓山坳中还有两处禅林点缀山色。位于登封县西北5千米处的嵩岳塔，掩映于苍松翠柏之中。此塔建于北魏孝文帝时期，是我国现存的最古老的砖砌佛塔。塔为15层，是砖构密檐式结构，平面形状为等边十二角形，这在全国也是独一无二的。塔身造型圆浑，十五层砖檐，每层出檐长短都有一定比例，塔室内，自二层以上变为八角，上下建成十层楼阁。遗憾的是现楼板已坏，不能登临。

嵩岳塔旁即为嵩岳寺，是北魏宣武、孝明二帝的离宫，后改为佛寺。寺西约半千米的会善寺，被一丛柏树环绕。中国唐代著名的天文学家僧一行曾在此寺出家。寺内的大雄宝殿、唐塔、戒坛石柱、会善寺碑、造像碑等都保存完好，特别是造像碑上雕刻着几百个千姿百态的小佛像，各个栩栩如生，呼之欲出，让人不禁惊叹我国古代工匠的高超技艺。

嵩山东麓，保存着中国最早的天文台之一——告成天文台，建于元代初年。这里地属古阳城，据说当年周公就曾在此用土圭测量日影。圭是向正北方向放置的板，旁边立一根垂直于地面的标杆，叫作表。季节不同，表影的长短不同，根据这一变化，古人便可大体计算出一年的时日变化。唐开元十一年（723年），皇帝曾诏令太史监南宫说在周公测影处刻石制的圭表，后称"周公测影台"。但用圭表测定时节变化的方法，由于太阳所射的阴影越近越淡，很难确切地把握影子的终点，因此很难推测冬至的时刻。

少室山是嵩山西边的另一群

山峰，群峰突兀争奇，有"九鼎莲花"之称。山上怪石嶙峋，林木苍翠，山顶宽平如寨，分为上下两层，四面有天险可守。相传明末李自成农民起义军曾在此安营扎寨，至今山顶上仍留有当年起义军用过的石碾、水柜等遗物。站在峰顶鸟瞰嵩山群峰，峰峰争奇竞秀。莲花峰犹如含苞待放的芙蓉；三鹤峰像三只仙鹤跃然欲飞；悬练峰俨然如一股飞瀑自山顶飞泻而下，万丈白练悬挂当空。

少室山北麓山坳中的少林寺，是中外闻名的佛教古刹，寺距登封市城西北约13千米，因为寺庙在少室山的茂密丛林之中，所以叫作"少林寺"。太和十九年（495年），北魏孝文帝为天竺僧人佛陀建此寺。孝昌三年（527年），南天竺人菩提达摩自称天竺禅宗第二十八祖，来中国传教，因为与南朝重视义学的风气不合，便从梁朝转到北方。他在少林寺传播禅学，面壁九年，修大乘教空宗的禅法，提倡所谓"直指人心，见性成佛，不立文字"，也就是说，觉悟到自身本来清净，没有烦恼，此心即

佛。禅宗即由此创立，历史上称达摩为初祖，称少林寺为祖庭。

二、王屋山

王屋山位于河南的济源市西北，东依太行，西接中条，北连太岳，南临黄河。因"山形如王者车盖"，故称王屋山。总面积265平方千米，是我国古代九大名山之一，十大洞天之首，号称"天下第一洞天"，其中有奇峰秀岭38座，神洞名泉26个，碧波飞瀑八大景，洞天福地五奇观。举世闻名的《愚公移山》的寓言故事就发生在此。

传说中"愚公移山"的地方在王屋山之阳。这是一条从王屋山主峰延伸下来的南北走向的大山梁。山梁西面是愚公村，东面是小有河。王屋山主要的旅游景点有天坛顶、阳台宫、紫微宫和王母洞。

王屋山是大禹曾封过的九座大山之一。它还以其集雄、奇、险、秀、幽于一体的自然景观，吸引了众多的帝王将相、文人墨客来此寻幽探胜、陶冶情操，李白、杜甫、白居易等皆游览于此，留下许多摩

两省的天然分界线太行山

崖石刻和脍炙人口的名篇佳作。诗仙李白有"愿随夫子天坛上，闲与仙人扫落花"之句。大诗人白居易也盛赞"济源山水好"。

王屋山的主峰天坛峰，古称琼林台，俗称老爷顶，海拔1715米，是华夏子孙寻根问族之地，因此有华夏一统圣地之称。主峰之巅有石坛，据说为轩辕黄帝祭天之所，故又称天坛山。天坛山巍然高耸，林木苍翠，溪水环流。山上山下气候不同，景色各异，故有"一山分四季，十里不同天"的俗谚。循盘曲路登上主峰之顶"天坛"，万堑千岩尽收眼底，南望隐约可见远处的黄河和中岳嵩山。在天坛观日出、观日落、观云海、观天坛峰、观王母仙灯，号称"五奇观"，后两者实际是海市蜃楼和秋夜山间磷火的现象。

次峰灵山，海拔1626米，悬崖峭壁，如刀削斧劈。环山石径盘旋而上，有溶洞在山腹中交会相通仿佛街市，俗称"四十八条街"。棋盘峰亦名烂柯山，峰顶有一块巨石，石上刻棋盘，两边各有小石两块形如几凳，相传为大禹治水时曾与太白星君弈棋之处。玉阳峰有瀑，有洞。唐代的玉贞公主在此修道，诗人李商隐也曾隐居此处，并吟成"春蚕到死丝方尽，蜡炬成灰泪始干"的诗句。其余诸峰，皆奇秀多姿，各具特色。

王屋山的洞景和水景很多，也具特色。除"灵山洞"等外，不老泉在华盖峰上，泉水穿古石而出，俗谓服之可长生不老，其实它是优质之矿泉水。太乙泉在天坛峰西侧，是济水的源头，常年不涸。此外，王屋山腰的环山渠，是王屋山人民的骄傲，是愚公后代搬山治水的丰碑。

王屋山不仅以风景取胜，还是著名的道教圣地。

王屋山是以道教文化为特色的道教圣地，被尊称为"道教天下第一洞天"，吸引了一批批高道名士在此修炼，如司马承祯、玉真公主、孙思邈等入王屋山修道，相继建成了阳台宫、紫薇宫、清虚宫、十方院、灵都观等规模宏大的道教宫观，使王屋山宫观林立，高道云集，香客如流，成为全国道教活动中心。

阳台宫在王屋山脚下愚公村的西侧，是王屋山旅游线路的起点。始建于唐，现存的主体建筑三清殿和玉皇阁为明正德年间重修。最为游人瞩目的是三重檐阁式建筑玉皇阁，凌空欲飞的飘逸之势，令人叹为观止。主体建筑上的几十对石刻柱子，使这座宗教圣地成为石刻艺术的殿堂。柱子上刻有翻滚的云龙、朝凤的百鸟、闹梅的喜鹊、牧羊的苏武、过海的八仙、战蚩尤的黄帝等，无一不栩栩如生，呼之欲出。阳台宫内苍松翠柏，郁郁葱葱，其中的一株七叶菩提树，树围近3米，高14米，传为唐代所留。最有趣的是，如果站在阳台宫前的石阶上击掌，就会听到鸟叫声，当地人说这是"凤凰鸣"。阳台宫所以有凤鸣之声，传说是该宫建在了凤尾根部。如果登高而望，人们就会发现，阳台宫后面的天坛峰状似凤首，对天而鸣。

紫薇宫。传说唐太宗李世民叔父李道宗曾在此隐居，后来司马承祯也在这里住过。建筑群坐落在高大的中岩台上，俗称"雄狮镇山"。主要建筑有三清殿、天王殿、通明殿。周围绕以城墙，设城门曰"王屋山朝真门"，院内保存着方碑近30座。宫南有古银杏树一株，主干直径9米、高45米，树龄约为2000年，有"七楼八拐棍"之称，树上挂满了各路信奉者敬献的幔帐，被学者誉为"中国植物活化石"。宫之北，即为"天坛神路"的起始点。可惜此宫毁于"文革"期间，现仅剩断垣残壁供人们凭吊了。

山上气候温和，雨量充沛，植被覆盖率达90%以上。观赏植物种类共有400多种，其中的北方红豆杉、连香树等为珍稀树种。山上还有许多古树名木，如千年树龄的银杏，1200多年的七叶树，1500多年的龙凤柏等。

第十七章　湖北省的山脉

◉ ◉ ◉ ◉　◉ ◉ ◉ ◉ ◉ ◉

一、武当山

武当山在古代叫作太和山，它位于湖北省北部丹江口市，最高处海拔为1612米，共有72座山峰，这些山峰都巍峨壮观，主峰天柱峰海拔1612米，有"一柱擎天"之美名。更为绝妙的是诸峰都向主峰微微倾斜，像是在俯首朝拜，这就是有名的"七十二峰朝大顶"的奇观。天柱峰巅的金顶，这一带的云母石英片岩在阳光下闪闪发光，形成丰富的色彩，更是增加了武当金顶的神秘气氛，引发许多玄妙的联想。明代徐霞客称武当山"山峦清秀，风景幽奇"。

道教一向崇尚自然，追求仙境般的理想天地，所以选择武当山为道教圣地，自然与此山之超凡脱俗的自然景色有直接关系。八百里武当，自古被评为：兼具五岳之雄、险、奇、幽、秀的综合特点。它崛起于汉水平原之南，西接秦岭，东迤大洪山，南邻神农架，北临丹江口，整个风景名胜区的面积竟达240多平方千米。山上植被丰茂，雨量充沛，形成风韵各异的众多风景点。步入山中，只见高峰群立，山谷纵横，七十二峰、三十六岩、二十四涧、十一洞、三潭、九泉、十池、九舟、十石、九台等胜景接踵而至。

七十二峰，有的如腾龙飞虹，有的如奔狮跃虎，有的如旌旗招展，有的似箭镞枪锋，千姿百态，争雄斗奇。此外，三十六岩以雄险著名，二十四涧以幽秀见胜，十一洞吞云吐雾，三潭九泉、十池九井、十石九台等个个怪异离奇，将武当山装点得无愧为人间仙境。

武当山的道教，信奉"玄天

真武大帝"。武当山的"武当"二字，意思为"非真武不足当之"，足见武当山的命名与饮誉天下的缘由，都与真武神的传说有密不可分的关系。道教经典上说，真武帝君本是古代净乐国王的太子，15岁时离宫远游，曾遇到玉清圣祖，授给他无极上道，并叫他越海去太和山修炼。净乐太子遂居武当山紫霄岩专心修炼成仙，成为北方的大神。由于历代帝王对真武帝君的推崇，武当山上的许多建筑和神像都是为附合他成仙的经历而造的。

武当山不仅因道教圣地而扬名于世，还以"武当太乙五行拳"而著称，武当拳与少林拳齐名，二者互相竞美，各有千秋。只是由于历史上某些原因，武当拳不曾有机会像少林拳那样得到皇帝的提携而闻名于天下。据史料记载，武当拳的创始人是明代著名道士张三丰。他曾在武当山结庵修真，精心观察和模仿喜鹊与蛇嬉斗的动作，创立了锦段和长拳两套功夫，发展为动静结合的太极拳十三式。随后传到武当山紫霄宫第八代宗师张守性，他又把华佗的气功五禽图的动作吸收进

风景幽奇的武当山

来，形成"武当太乙五行禽扑二十二式"，是一种手脚并用、以擒拿为主的拳术，既可健体，又可防身。

古往今来，武当山以其美妙神异的奇丽佳景、名胜古迹，吸引着无数游客。文人逸士慕名寻访，或沥翰墨于烟霞之上，或抒豪情于翠峦之间，皆交口称赞它为天下名山。

二、九宫山

九宫山，位于幕阜山脉中段，湖北省通山县境内，西连衡岳，东接匡庐，广袤数百里，总面积196平方千米。核心景区由九宫山镇、森林公园、铜鼓包、石龙沟、闯王陵等部分组成。九宫山奇峰耸立，幽谷纵横，泉瀑奔涌，飞云荡雾，古木参天，竹林似海。这里百川挂岩，千峰竞秀，万木争艳。既有江南山峰的奇秀，又具塞北岭岳的雄

伟，雄、奇、秀、险集于一身，被誉为九天仙山。

九宫山雄奇险峻，景色迷人，不但是游览佳境，更是避暑胜地。主峰海拔1656米，盛夏季节日平均气温21℃左右。大崖头瀑布落差420米，为全国之最；位于海拔1230米的云中湖，是我国最具特色的高山湖泊；森林公园面积40多平方千米，有珍稀动物17种，珍稀植物34种。

九宫山历史悠久，人文景观星罗棋布。史载，南朝晋安王陈伯恭兄弟九人避战乱建九座行宫于此，故名。南宋道士张道清至九宫山开辟道场，香火之盛，为全国五大道场之一。

1645年，明末农民起义领袖李自成殉难于九宫山牛迹岭。全国重点文物保护单位闯王陵是全国唯一保存下来的农民起义领袖陵寝。

九宫山处于"三峡""三国"和"武（汉）岳（阳）庐（山）"旅游线中心，北距武汉178千米，106国道顺山脚而过，环山公路把旅游景点联为一体。此处有70余家休养院所，还有影院、书店、商场、医院、游乐场等设施，为游人提供周到的服务。

九宫山著名的景色有很多，其中以下景观最突出。

首先是迎客松。在九宫山山门的怪松坡上有一棵优美的青松在路旁向你招手微笑，这就是倾倒过无数游客的"迎客松"。它挺拔高大，主干笔直，青苍滴翠。其树冠向下侧倾斜，如同向游人鞠躬行礼。有几根横枝长达数丈，斜伸垂地，如同向游人伸出的手臂，在微风中轻轻摇曳，向游人热情招手，就像一位风姿优雅的礼仪小姐亭亭玉立地站在这云山雾海中，迎接四方游人。在她的旁边还有"望客松""送客松""含羞松""父子松"和"姊妹松"等奇松。

其二是云中湖。云中湖，因其高在峰顶耸入云霄之际，常有雾团飘于湖面，故名云中湖。云中湖的湖面有约6.7万平方米，蓄水量100多万立方米，最深处35米。春夏之交，云雾常聚集于湖面，随风飘飞，山峰倒映，微波荡漾。湖出口正对西方崖谷，夕阳斜照时，霞光、水光、云影、山影汇集倒映于湖面，五光十色，绚丽多彩，被称之为"云湖夕照"，是九宫山最有特色的自然景观之一。春天，湖岸幽静清爽，绿草如茵，山花烂漫，百鸟啁啾，人行云上，车行树梢，鱼翔崖巅，燕巢水底，景致奇妙。夏日，是山中的天然游泳池。冬天，凝结成一块晶莹的巨镜，是天然滑冰场。

其三是石龙沟。石龙沟长达7千米，由万余级石阶连贯全境，景区中建有石拱桥7座，铁索桥3座，跳石、栈道各一处，以悬崖、奇石、古树、叠瀑、潭池等组成不同的自然景观，是一个原始森林带。该景区可分为上下两大部分，上段以奇石、寿木和大片混交林为主，统称"翠寿坡"。坡上汇集了九宫山所有植物的60%。入口处，向东仰望可见神女峰，沿石级下行，在数百米处，一巨石透空耸立，传说女娲补天时，有一石坠落九宫山，即此奇石，故名为"补天遗石"。途中有"神雕石""龙源瀑布""卧龙池"和"音乐桥"。从石龙沟上段下来，见溪东一石兀立，如着宽领大袖老人，拱水面对一巨崖，传说是明末清初名僧懒拙和尚的化身。再沿沟下行，叠瀑连珠，斑斓纷呈，幻化万千。"锁云桥"，桥下

涧水奔流，两侧皆是高达百米的花岗石崖，桥的两端连接一条栈道，人立桥上，凉风习习，涛声震耳。续行几百米，有一道索桥便是"归龙桥"，桥下有一条首尾俱全的石龙，半掩于溪水中，似逆水而上。传说是"龙湫"之龙，欲乘水雾飞出沟外，跃出龙门后化为鲤鱼。小龙后悔莫及，即跳还龙门，虽已复化，然已筋疲力尽，无力再上，掩入水中而化为石龙，故此沟名为"石龙沟"。

其四是樱花沟。樱花沟是一条长约7千米的幽长峡谷，上游分支出许多翠谷、幽谷，两边都开满樱桃花，故名樱花沟。三条发源于老鸦尖和太阳山北峰的巨泉，如同一个横写的"山"字形，从樱花沟右侧的千米高峰上流到谷底汇合，形成无数深潭飞瀑，跳出千姿万舞，在林海中吟唱出百转千回的迷人泉韵。溪底彩石斑斓，三步一瀑，五步一潭，美景叠现。樱花沟第一段叫"三潭一线天"，三潭即三级瀑布，一线天即指一条双峰紧峙的幽谷。游樱花沟以观泉流、瀑布、森林景观为主，主要景点有鄂南龙潭、仙人簸米、金鸡岩、瀑布群、

林海幽径和鹿角洞等。

其五是森林公园。九宫山森林公园是一座植物园、动物园、药物园和百花园。有鹅掌楸、香果、银杏、三尖杉、楠木等我国特有的珍贵树种和国家保护的珍稀植物40余种。有药物500多种，珍贵药材有人参、灵芝等120多种。有野生动物160多种，有国家保护的一、二、三类珍稀动物金钱豹、香獐、白颈长尾雉、白鹇、雪狐、娃娃鱼等20多种。昆虫100多种，鸟类90多种。当你来到森林公园，就像进了音乐岛，杜鹃的鸣声，婉转绵回；画眉的歌声，圆润优美。森林公园于险峻中见柔媚，秀美中显清雅，是森林考察旅游的好地方。

最后也是最重要的人文景观，即闯王陵。闯王陵，明末农民起义领袖李自成之墓，位于九宫山西麓牛迹岭小月山上，坐南朝北，约13.3万平方米。主要建筑有门楼、墓冢和陈列馆。门前两侧仁立着两对明代的石狮、石象，正门镌刻宋体金字"闯王陵"。墓冢位于门楼之上，由门楼起步，登58级石阶，即至李自成墓冢祭台，椭圆形的墓

冢长满了厚厚的绿草，墓前立着一块"李自成之墓"的荷花绿大理石石碑。前有拜台，两侧有看台、花坛，种有梅花、雪松、香樟等名贵植物。上有下马亭、激战坡，下有幽径石桥和纪念碑台。陈列馆设在门楼、墓冢的最上方，距墓冢36级台阶之处。厅内有李自成在湖北坚持抗清壮烈殉难的史迹介绍，有李自成同清兵最后决战的李家铺古战场和皇躲洞遗址照片，陈列有李自成珍贵遗物鎏金马镫和各个历史时期的史志文献。邻馆左侧一块斜缓的大石坡为"激战坡"，是李自成殉难之地，"有庄人怜者，草葬之"，时年39岁。300年来，李墓仅为石垒荒冢，建国后，通山县人民政府于1952年作为文物保护，1965年定为湖北省第一批重点文物保护单位。

三、大洪山

大洪山位于湖北省随州市西南部，总面积约为350平方千米，主峰宝珠峰海拔为1055米，被冠以"楚天第一峰"的美名。大洪山山体由西向东，纵横随州、宜城、枣

阳、钟祥、京山五市县，因此它是中原的中枢，江汉的要塞。中国建筑学会郑志霁先生考察完大洪山后说："桂林的岩洞，庐山的凉爽，黄山的苍松，泰山的险峻等，大洪山兼而有之，而且大有超而过之！"形象地道出了大洪山的独特之处。大洪山的"一山分四季，十里不同温"的气候特点，也是其他山不具备的。大洪山独特的植被结构及山体走向，使它的气候与众不同，平均气温只有15℃，因此大洪山是人们游玩、避暑的好地方。

大洪山的自然风光之所以闻名天下，是因为它有历史价值较高的天然林生态群落。大洪山的森林覆盖率在85%以上，整个大洪山就是一个绿色的海洋。大洪山的植物具有明显的南北过渡特征，落叶、阔叶树与常绿树交融，形成四季山体皆绿的风景特色。

大洪山不仅具有优美的自然景色，更具有奇特的山体。大洪山就像是大自然的败笔，但是正因如此，却别有一番韵味，造型不规则的山势形成了大洪山独有的特色，每一块岩石、每一座山峰都是一个景观，甚至可以说是移步换景。在奇形怪状的山峰间有许多同样造型奇特的岩洞。最深的双门洞和钟乳石以及最奇特的两王洞，造工奇特，举世称绝。山有水才有灵气，大洪山自然也有很多山泉，不过不同于别处的是，大洪山在有泉水的地方修建了很多泉池，最著名的有18处，如新阳温泉、珍珠泉、万寿泉等。宝珠峰顶的黄龙池，水质清澈醇酣；白龙池享有"鄂中瑶池"盛誉。因此大洪山有"苍松翠柏佳木秀，绿水青山瀑更美"的称誉。

大洪山具有悠久的佛教文化历史。洪山寺从唐宝历年间便开始兴建，唐文宗赐匾额为"幽济""灵济"，明思宗赐名为"楚天望刹"，至今还有一块明代圣谕石碑，数块宋、元、明、清等朝代的石碑。大洪山有随州曾侯乙墓编钟，明嘉靖皇帝的父亲的陵墓以及第二次国内革命战争旧址等大批文物古迹。

大洪山地势险要，又地处要塞，因此历来是兵家屯兵的首选之地。在历史记载上有五次农民起义在这里爆发。抗日战争时期，景区内的熊氏祠是鄂豫边区抗敌工作委员会旧址。总之，大洪山不仅有丰富的自然资源，也有宝贵的人文资源。

第十八章　湖南省的山脉

◉　◉　◉　◉　◉　　　◉　◉　◉　◉　◉

一、衡山

衡山，古称南岳，又名岣嵝山，是著名的五岳之南岳。地处湖南省中部，湘江西侧。据古书记载，南岳位于星度二十八宿的轸星之翼，"度应玑衡"，就是说，它像衡器一样，可以称天地的重量，能"铨德多钧扬"，故名衡山。衡山山深林密，古木参天，秀丽幽邃，郁郁葱葱，有"五岳独秀""天下南岳"的美称。

衡山最高峰祝融峰，海拔约1300米，虽不甚高，但与湘水相依为伴，相得益彰，显得高大巍峨。而且衡山南起衡阳回雁峰，北至长沙岳麓山，绵延150多千米，有72峰罗列，可谓气势磅礴。半山远望，祝融峰像大鹏的头，芙蓉天柱诸峰像鸟身，紫盖香炉等诸峰似伸

展飞翔的双翼，使衡山多了些灵动的韵味。

在五岳中，衡山以势雄、景秀、境幽、文丰为特色。人称南岳有"四绝"，即祝融峰之高、藏经殿之秀、方广寺之深、水帘洞之奇。

衡山绝顶是祝融峰，海拔1290米左顺，在衡山县境内，为南岳的主峰。作为游览胜地的南岳衡山，就是指主峰所在地。次于主峰的石廪、天柱、芙蓉、紫盖等峰，海拔也在1000米以上。

衡山，峰峦挺拔，山环水绕，绚丽多彩。著名的风景名胜有九潭、九溪、九池、二十四泉、二十八岩等。相传舜南巡和大禹治水都到过这里，历代帝王也在这里举行过登封大典，文物古迹自然很多。

南岳庙坐落在衡山南麓，是五岳中规模最大、总体布局最完整的

古建筑群之一，与泰安岱庙、登封中岳庙并称于世。南岳殿最早建于唐开元十三年，后多次遭火，又多次重修扩建，现在的主要部分是清光绪八年（1882年）按照北京故宫的样式重修的。其占地面积98500平方米，规模宏大。殿为立体建筑，殿高20余米，其外围两侧，东有8个道观，西有8个佛寺，这种配殿格式在其他地方实属罕见。整个建筑布局规整，楼宇精美，具有浓郁的民族风格。

正殿内外共有72根大石柱，象征南岳七十二峰，石柱中央围绕着一个大菩萨——南岳圣帝，它有三四层楼高，身下坐着一块巨石，这其中还有一个关于南岳衡山的古老传说。

据说，很久以前，南岳山归住在山顶上的南岳菩萨管治，谁要在这里落脚，都必须得到他的应允。一天，有个叫慧思的和尚来到这里，想在南岳立足，听人说南岳菩萨有个癖好——喜欢下棋，只要下棋能赢他的人，求他什么都百求百应；要是下不赢，或是毫无缘由地来求他，包你碰钉子。可巧，慧

思棋艺精湛，闻罢欣然前往，与南岳菩萨下棋，屡战屡胜，南岳菩萨甘拜下风，于是将棋盘一推，说："好吧，大师有什么要求，只管说吧！"

慧思轻轻一笑说："没什么大事，只求菩萨给我一个安身立命之所。"菩萨倒也慷慨，七十二峰任他挑选。慧思和尚说："我也不用挑选，我这锡杖落到哪里，我就求你准我在哪里结个茅庵吧！"菩萨答应了。不想，锡杖落在磨镜台南，菩萨一看，暗自心疼，这是一块福地呀！但是，所谓君子一言，驷马难追，于是只得同意。慧思又说："结庵之地有了；不过，出门就踩别人的地也不甚好，求菩萨给一点回旋的地方吧！只要袈裟宽

欲与天公高的衡山

就行了。"南岳菩萨哈哈大笑说："可以。"

只见慧思和尚把袈裟从身上脱下，轻轻向天上一抛，袈裟遂像云一样铺展开去，越铺越宽，把太阳遮住了，把整个南岳山都罩住了。

南岳菩萨看罢，佩服得五体投地，连忙说："慧思大师，我晓得你的法力了，弟子愿意皈依佛祖。可是，请问大师，哪里是弟子的安身之所呢？"

慧思和尚指着一块巨大的岩石，对菩萨说："这岩石滚到哪里，哪里就是你安身立命之地。"说罢，轻轻一推，那块巨石遂向山下滚去，跨过南天门，滚过半山

春花映水的衡山

亭，一直滚到山脚下，也就是现在建南岳庙的地方。

从此，这里就成了南岳菩萨的居所。他就是坐在这块大岩石上去世的，后来被人间的皇帝奉为"司天昭圣帝"。既称圣帝，大庙就应像个帝王宫殿的样子，遂按皇宫规格，建成八进宫殿，富丽堂皇。这也是南岳庙何以为宫殿式建筑的缘由。

南岳庙共有四重院落，各庭院内古柏参天，绿荫匝地，使庭院显得格外幽深、静穆。又有传说，有八百蛟龙护南岳，更给这座庄严的殿堂增添一重神秘色彩。春夏季节，南岳庙外的山景时而虚无缥缈，烟云缭绕，时而风急云起，黑云压山。秋高气爽时，众峰攒作碧莲世界，与铮铮骨立的大庙交相辉映；数九寒天，大庙的重檐翘角上冰雪凝缀，一幅"岳雪光檐"的奇特景色。

过了半山亭，路分两支：左往磨镜台，右上南天门。

磨镜台位于掷钵峰下，这里山环路转，幽径曲桥，绿竹亭亭，流水涓涓，松涛阵阵，充满诗情画意，是佛教史上一处著名遗址。相传唐玄宗开元年间，禅宗北宗僧人道一主张苦修而逐渐成佛的"渐悟"说。禅宗七祖南宗僧人怀让，则持诚心修行，主张一经顿悟即可成佛的"顿悟"说。两人各持其理，各修其道，互不信服。道一每天在大石上坐禅苦修，而怀让为诱服他归宗，想出一计。

一天，怀让故意手持一块砖，来到道一坐禅的地方，并在对面的大石上磨起砖来。道一觉得奇怪，便问道："磨砖做什么？"怀让回答说："磨砖做镜！"道一大惑不解，又问道："磨砖岂能做镜？"怀让又答："磨砖不能做镜，坐禅又怎能成佛？"道一听后有所悟，之后怀让则进一步向他宣传"顿悟"说，终于使道一弃"渐悟"说，而归其门下。后人在这块硕大的花岗岩上刻"祖源"两字，以资纪念。

磨镜台南有福严寺和南台寺，都是佛教丛林。据《南岳志》记载，该寺原名般若寺，是佛教天台宗二祖慧思禅师，于陈光大二年（568年）所建。宋代寺内福严和尚种杉树十万株，作为修寺材料，寺的规模得以日益扩大。人们为纪念他的功绩，于是将寺名改为福严寺。唐太宗曾赐御书焚经50卷给该寺收藏。唐先天二年（713年），怀让禅师将它辟为禅宗道场，天下佛子以该寺为传法的佛院，足见其在南宗中的显赫地位。

据《传灯录》记述，自禅宗六祖慧能的"顿悟法门"异峰突起，开创南宗，又经七祖怀让和青原行思大力弘扬，南宗一时声名大噪。南岳怀让一系，经道一形成沩仰宗和临济宗；青原一系自南岳石头希迁禅师始，又形成了曹洞宗、云门宗、法眼宗。南岳两系五宗，佛教史上称这为"一花五叶"，而"五叶"都源于南岳，所以禅宗怀让的道场，便有"五叶流芳"的赞誉。福严寺也就有"六朝古刹，七祖道场"之称。

福严寺旁有"极高明台"，上有唐朝李沁所书"极高明"二字。寺中有南北朝时所铸铜质岳神一尊，重6500千克，佛像3尊，各重百斤；寺旁有银杏两株，寿达1400多年。

从磨镜台向西北去可通天柱峰和方广寺。方广寺在衡山腹地莲

南台寺

花峰下，始建于梁朝天监二年，历代有兴衰，明末王夫之兄弟再建。寺内有正殿、祖师殿等多处建筑。寺侧有二贤祠，建于明嘉靖十八年（1539年），为纪念朱熹、张栻在此作诗唱和一百多首而修，方广寺附近谷深林密、林海茫茫，有涧潭、泉水和林石。俗语说"不至方广寺，不知南岳之深"，所以"方广之深"成为南岳衡山的"八绝"之一。

自半山亭向北经藏书丰富的邺侯书院、铁佛寺、王岳殿、湘南寺，即达南天门。

邺侯书院在风景秀丽的烟霞峰下，邺侯即唐代平定安史之乱的大功臣李泌，他与玄宗的太子李亨是布衣之交，不肯做官。李亨在灵武继位后，李泌辅佐平叛，一切计划都出自于李泌。唐军收复长安后，他便到衡山隐居。李亨之子代宗即位，又召李泌来京师。李泌是中唐特殊环境中产生出的独树一帜的人物，他具有深谋远虑和军事韬略，屡次在危难中扶助唐朝，虽然肃、代、德三朝君主昏庸猜忌，奸臣对他忌妒谗害，他都能机智地避开祸患，对国事有所补救和贡献。他的主要处世之道是不求做官，以皇帝的宾友自居。作为世外之人，胸怀恬淡，不争名利，在官场中进退游刃有余。

邺侯书院原是唐代宗赐给李泌的住宅，初名端居室。他死后，其子李繁做随州刺史，特来南岳，就其旧址加以修葺，取名"明道山房"以示纪念。直至宋代，因李泌被封邺侯，改名邺侯书院。

南天门，海拔1000米，西傍莲花峰，背倚祝融峰，是衡山前山、后山的分界处，也是衡山高瞻远瞩的眺台。由此俯瞰山下，只见群峰逶迤，山间公路如带，湘江五弯五曲，似五条蛟龙游向南岳，形成"五龙朝岳"的奇特景观。向上仰望山巅，云雾缥渺，峰峦隐约。

这里建有祖师殿，供玄武神。由于山高风大，这一带的建筑物全是石墙铁瓦，十分牢固。再向上有一座高大的石牌坊，上刻"南天门"三个大字。牌坊左右石柱刻有对联：

门可通天，仰观碧落星辰近；
路承绝顶，俯瞰翠丈峦屿低。

从南天门上行，向东可达广济寺，向西可通藏经殿、梳妆台，向北过狮子岩，即可直趋衡山绝顶祝融峰。

广济寺在莲花峰后的毗卢洞，始建年代已不可考，明万历二十三年（1519年）无碍和尚筑庵，后倾坏。清顺治年间改名广济，之后又屡有修建。寺中有石刻"禹王城"三字，不知年代，也不知所指。寺中另有大铜钟、云板报钟等，都是清代的遗物。

藏经殿在衡山的祥光峰下，相传为南朝陈代僧人慧君所建，陈后主的妃子到此避乱，拜慧思为师。明太祖朱元璋曾送此殿一部大藏经，故名藏经殿。只是现在经卷已散佚。但藏经殿红砖绿瓦掩映在古林深处，奇花遍地，风景秀丽，素有"藏经殿之秀"的誉称，为南岳另一绝。

高旷雄伟的祝融峰，传说上古大神祝融氏葬在这里，因而得名，祝融是神话中的火神。此峰海拔1290米，是南岳最高峰。它昂首天外，形似鸟首，山峦伸展如翼，苍林覆盖如羽，俨然大鹏展翅，翩翩

欲飞，所以清代学者魏源在《西岳吟》中写道："恒山如行，岱山如坐，华山如立，嵩山如卧，唯有南岳独如飞。"登上祝融峰，环顾群山，便能领会到此中用"飞"字之绝妙。

祝融峰虽是衡山之绝顶，但因其平时云雾缭绕，从衡山脚下的南岳镇望去，最高处是南天门，峰顶很难看到。韩愈在《游祝融峰》中一句"万丈祝殿拔地起，欲见不见轻烟里"，写尽了祝融峰在烟云的烘托与群峰的叠衬下的神妙意境。

祝融峰顶有祝融殿，其内供奉祝融神像。殿后有石柱砌成的四丈高栅栏，凌空建在陡峭险峻的舍身岩上，祝融殿可晚赏月色，早观日出，峰顶下的南面有上封寺，寺后的山上有观日台，观日台旁有一块石碑，上面刻有"观日出处"四个大字。

南岳庙的东南侧有南岳最大的佛教丛林祝圣寺。寺庙建筑规模宏大，历史悠久。现存大门、前殿、天王殿、御制经阁、方丈室和罗汉堂等建筑。祝圣寺侧有山路直通奇趣幽深的水帘洞。

水帘洞在紫盖峰下，相传是朱陵大帝所居之处。道家认为这里是第三洞天福地。峰上泉水汇成三支，注入谷地，谷地里有许多泉眼，深不可测。谷地出口很窄，流出的水从石壁上一直下泻，形成瀑布，高达数十米，酷似水帘。石壁当腰，有一石蹬，水被蹬折，分为上下两帘，注入龙潭。水帘洞之瀑，时如缟练素绢，时如朱碧交辉的贯珠，借石山之色，夺树木之青，加之跳玉喷珠的光华，声若雷鸣的响声，可谓色、光、声三绝集于一身。

水帘洞周围古代题刻很多，如李商隐所写的"南岳第一泉"。此外，文人墨客也为水帘洞赋诗，宋代毕田所写的《水帘洞》一诗，就使这一景观跃然纸上：

洞门千尺挂飞流，

玉碎珠帘冷喷秋。

今古不知谁卷得，

绿萝为带月为钩。

南岳大庙西北是黄庭观，为现今南岳仅有的一座羽流道观，建于唐初武德元年（816年），因宋代宋徽宗以道教真经《黄庭经》之名赐名于它而得名。此后，历朝都有重修的工程，但一直沿用这一名字。传说东晋咸和九年（334年），著名的女道士魏夫人在礼斗坛白日飞升成仙，其后魏夫人的侍女麻姑亦继而成仙。传说也许过分离奇，但中国女子修道确实从魏夫人开始，开创了中国女道士修行的先例。

南岳不但是名副其实的宗教名山，而且除上面提到的邺侯书院外，另有文定书院、岳麓书院、甘泉书院、集贤书院分布于衡山之上，这在中国其他名山中实属罕见。这些书院在南岳弘扬文教、培育英才，为南岳增添了许多墨迹书香。

紫云峰下的文定书院，是宋代名儒胡安国父子读书、著书、讲学的旧址。书院最初是明弘治中监察御史郑惟恒所建，因胡安国死后谥号为"文定公"，故改名文定书院，据《南岳志》记载，当年文定书院讲学处还建有一座春秋楼，楼外翠竹环绕，清幽静谧，是读书佳处，只遗憾文定书院现已坏，遗迹已难一一找寻。

明代理学家湛若水号甘泉，嘉

靖年间，携其徒众人来南岳讲学。其后13年，重游南岳，当时虽已年近古稀，却童颜皓首，健步轻盈，人们惊叹其为神仙中人，他游息讲学之处，后被人冠名曰"甘泉书院"。

集贤书院原名南岳书院，位于南岳庙西，是唐代张九龄、李泌旧游地。此书院始建于明代，将李泌、韩愈、朱熹、张栻、赵清献、周濂溪、胡文定父子等唐宋名贤合祀于一祠，所以名曰"集贤祠"，至今书院遗址尚存。

在南岳这诸多书院中，最有影响的当推岳麓书院。它坐落在南岳七十二峰的尾峰——湖南长沙的岳麓山下，这里山灵水奇，林深而幽静，近市而不喧。自晋以来，便成为著名的人文胜地，广泛吸引着香客游人，骚客文人也多在此荟萃游息，为开创岳麓书院创造了良好的文化条件。岳麓书院便是在此条件下于北宋初年由潭州太守朱洞创办的。

岳麓书院虽非官学，但自始至终都受到官府的支持和帮助，以后历代屡有修建，规模不断发展、扩大，成为一个独立于官学和私学系统之外的独特教育系统。南宋学者陈传良在《重修岳麓书院记》中指出，自朱洞创院后"五六载之间，教化大洽，学者皆振之雅驯，行谊修好，庶几于古"，这极力肯定了岳麓书院兴办后的卓越成效和重大意义。岳麓书院的创立，对发展中国古代文化、繁荣学术、培养人才，做出了积极的贡献，在中国文化史、教育史上都具有深远的影响。而今的岳麓书院，作为历史的见证，仍然屹立于岳麓山下，并作为国家重点历史文化保护单位，得到了湖南省政府的进一步修复保护，成为湖南大学的前身，湖南大学还在此建立了文化研究所，设置了书院、理学、古建筑等研究所。因此，它不仅是供人观瞻的一处重要史迹，而且还将成为进行学习、研究和学术交流的一个重要基地。

衡山岣嵝峰上有一块著名的神禹碑，又名岣嵝碑，也为这人文荟萃的南岳增添了奇异的光彩。石碑高3.4米，宽2.8米，相传是后人为纪念夏禹治水成功的石碑，碑文77字，与殷商甲骨文、金文全不相同，也不同于战国楚墓出土的文字，一般认为是后人附会夏禹治水时所刻之碑。

韩愈、刘禹锡都有诗歌咏此碑，韩愈诗曰：

岣嵝山尖神禹碑，

字青石赤形模奇。

蝌蚪拳身薤倒坡，

鸾飘凤泊拿蛟螭。

"五岳独秀"的衡山，不仅山秀、水秀，而且由于属于亚热带中部湿润气候，因此山林四季葱翠，森林茂盛，秀丽悦目。在这一片连绵起伏、一望无际的绿色林海中，不仅有优良、珍贵的成材林，也有缤纷绚丽的奇花异卉、种类繁多的古树名木点缀其间，组成一幅幅明艳的森林景观。

据考察，这里林木种类繁多、数量庞大，而且四季常青，松、樟、梓、楠、檀、槐等优良的成材林漫山遍野；南方红豆杉、河楠树、银鹊树、甜槠、包石砾、毛果槭等珍品树种，不胜枚举；更有奇花异草、嘉树名木锦上添花。

藏经殿四周佳木葱茂，四时不败。一株500多年的白玉兰高达7米，枝叶扶疏，隔山闻香；3米

多高的云锦杜鹃，灿若红霞，娇艳夺目；另有"摇钱树""同根生""连理枝"三株宝树，更使庭院生辉。方广寺一带是南岳著名的风景林。这里不仅有举世闻名的数百年树龄的婆罗树，还有树冠碧绿如伞的横豆杉、伯乐树，木纹斑斓多彩的花楸树、芬芳馥郁的香果树……在这些珍奇姣好的花木的装扮下，游人置身南岳，充分感觉到一股浓浓的南国风情，领略到南岳的柔秀多姿与妩媚动人。

二、韶山

韶山离湘潭市40千米，属于湘潭市，离长沙120千米，距刘少奇故居花明楼仅30余千米。韶山风景名胜区的总面积大约有70平方千米。传说古时候的舜曾在这里演奏过"韶乐"，因此得名。

韶山为南岳72峰之一，四周群山环抱，峰峦耸峙。韶山风景名胜区内有韶峰耸翠、仙女茅庵、石屋清风等景物和许多珍贵的古树名木。

韶山地处亚热带湿润季候区，冬冷夏热，四季分明，空气清新，年平均气温16℃～17℃之间，较四

周县城气候凉爽。

毛泽东的故居上屋场就坐落在韶山冲中部的韶山嘴对面。冲的意思是指山谷中的平地。韶山冲为一片狭长的圃谷平地，南北长约5千米，东西宽约3.5千米。

滴水洞，又名"西方山洞"，世人比拟为"天国桃源"，是韶山这条长长的峡谷的源头。因峡谷间有条小溪，汩汩流淌，终年不断，滴石成洞，故而得名。滴水洞山势天成，南有龙头山，北有虎坪，后有牛形山。丘壑间，树林成荫，上有飞禽，下有走兽；各种花草漫山遍野，杜鹃、山茶、白兰、香樟、银杏、金桂、樱桃、腊梅，四季不败。滴水洞满山苍翠，清凉无比，有游人感叹道："人间滴水洞，天上广寒宫。"自1954年起，在滴水洞相继兴建了三座别墅式建筑，原是为中央和中南局召开重要会议准备的。1966年6月，毛泽东回乡曾在滴水洞一号楼住了10天。现在毛泽东居住过的房间陈设仍保持原样，供游人参观。

滴水洞对面新建八景亭。亭上有对联，一联云："滴水难于因入海；洞天独异合藏龙。"另一联为："地拥千山万山碧；山涵五月六月寒。"新建韶山八景壁碑，正反两面的诗文皆出自《毛氏族谱》。正面所书韶山八景，壁阴介绍韶山历史、地理、风物、传说等内容。历朝历代以来，韶山一直处于"世外桃源"的状态，至清末这种状态开始变化，那就是受曾国藩影响，在韶山鼓荡起一种尚武精神，留下了"无湘不成军"的说法。尚武精神也影响到了毛氏家族及毛泽东本人，"枪杆子里面出政权"这句话，当是一个印证。来到韶山，你不仅可以看到毛主席的故居与毛氏三祠，还可瞻仰前两年新落成的毛主席铜像，还有主席诗词碑林、韶山烈士陵园等。来韶山游览，还能大饱口福，可以吃到主席生前爱吃的菜肴。

第十九章 广东省的山脉

丹霞山

丹霞山位于广东、湖南、江西三省交界处的仁化县城南4千米处，丹霞山海拔仅为408米，却被称为岭南奇山，是因为它是世界上丹霞地貌最全面、类型最多、最典型的代表。

丹霞山风景独特，不同海拔的山体有不同的风景。整个丹霞山的风景区可以划分为上中下三层：

上层景区有长老峰、宝珠峰、海螺峰。长老峰上有一座用来观日出的亭子，因为它建在峰顶，人在亭中坐时，有御风的感觉，因此得名为"御风亭"。虽然丹霞山不是很高，但是在这里赏日出也自有一番独特韵味，前人有诗为证："游尽日出风景地，独有丹霞日出美。"在长老峰上，只需坐在亭

中，就能欣赏到周围的胜景，如玉女拦江等。位于长老峰南的翔龙湖周围有九龙峰、仙居岩、乘龙岩等多处景点。这里还有天下第一绝景阴元石、阳元石。宝珠峰有驼石朝曦、虹桥拥翠、龙王泉等景点。位于宝珠峰北端的驼石朝曦，是丹霞山的最高点。虹桥拥翠位于海螺峰与宝珠峰中间的背山谷地。这里有一块长4米的巨石，是由海螺峰去宝珠峰的唯一通道。"桥"的两侧，一边下临深壑，一边连着山崖。海螺峰顶有螺顶浮屠。"浮屠"是梵语"佛陀"的译音，一般用来指盛放佛教僧人遗体的建筑。螺顶浮屠是清代建筑，格式是正方形，用红岩板石做建筑材料。它由祭坪、基座、塔身三部分组成。祭坪是用石板铺成的，周围都设有供台；螺顶浮屠高8.37米，塔身共有

广东四大名山之一的丹霞山

四层，是丹霞山规模比较大的建筑。海螺山峰下面有海螺岩、晚秀岩、雪岩、大明岩等岩洞。

中层景区以别传寺为主要景点。从别传寺到通天峡的山路很险要，路两边的岩石像合在一起的手掌，经过这里时必须小心翼翼，才能安全到达顶端。

下层景区主要有锦岩洞天胜景，在岩洞内有观音殿、大雄宝殿，在锦岩洞内还可看到马尾泉、鲤鱼跳龙门等景点。这个景区有一块很著名的"龙鳞片石"，此石随四季的更换而变换颜色。下层景区还有幽洞通天，它实际上是一个被自然风化侵蚀而成的岩洞，洞门口刻着"幽洞通天"四个字。幽洞通天内就是一个圆筒形的水平通道，洞内只有0.7米高，长不到6米，但是要通过此洞，需要花费一点时间。出来幽洞通天，就会进入一个高达70余米的通天大洞，在此洞中，可以看到中层风景区。

丹霞山的灵异秀景，吸引了历代文人墨客纷纷前来一观为快，他们游兴之极，给丹霞山留下了许多珍贵的摩崖石刻和碑刻。丹霞山的摩崖石刻的覆盖率达90%以上。丹霞山不但自然景色优美，它还有许多动人的神话传说。女娲补天的传说就是其中一例。丹霞山的地貌特征，适合墓葬，因此丹霞山有很多墓葬群，但是由于历代盗墓者的毁坏，现在研究价值已经不大。

第二十章 四川省的山脉

一、峨眉山

峨眉山，坐落在四川省西南部的峨眉山市境内。峨眉山逶迤绵延百里，峰峦起伏，苍翠浓黛，云雾缭绕，清雅秀丽。古人曾经如此形容此山："云鬟凝翠，鬟黛遥妆，真如螓首蛾眉，细而长，美而艳也。"后人将"蛾"改为"峨"，峨眉山遂因而得名，峨眉山包括大峨、二峨、三峨、四峨四座大山，现游览地为大峨，学区面积154平方千米。关于这四座山巅，还有一个古老的传说：

据说很早以前，峨眉县城西门外有一西坡寺，有一天来了一位白发苍苍的画家，在寺内小住，与寺内一和尚谈得投机，友情与日俱增。一天，画家要告别离去，欲向和尚留食宿费用，和尚坚辞不收。

画家遂想起和尚爱画，于是提笔为和尚画了四幅画，每一幅上都是一个美丽的姑娘。第一幅的姑娘绿衣绿裙，头披白色纱巾；第二幅的红衣红裙，披绿色纱巾；第三幅的蓝衣蓝裙，披黄色纱巾；第四幅的黄衣黄裙，披红色纱巾。四位姑娘个个美若天仙，而古时称美女为峨眉，所以画家给四幅画取名为《峨眉四女图》。画家把画送给和尚，告诉他过七七四十九天后再拿出来挂。

画家走后，和尚每日拿着画把玩不已，最后终于提前把画挂在客堂里。一日，他从外面回来，见四个美女在屋中嬉笑。和尚觉得奇怪，又觉得她们似乎都很面熟，于是问她们："你们几个姑娘是来游庙还是拜佛呀？"四个姑娘见是和尚回来了，也不回答，转而笑着往外跑。这时，和尚看到墙上四幅画中的美女都不见了，于是恍然大悟，跑出去追她们。三个姐姐跑得快，把四妹落在后面，回身看到妹妹已被和尚抓住了裙角，四妹大呼"救命"。三个姐姐见状骂和尚："这和尚真不害羞！"四妹因为隔得远，没有听真切，只听得"不害羞"三字，误以为姐姐们在骂她，羞得满脸绯红，无地自容，便立刻变成一座山峰。三个姐姐见四妹变成一座山，也变成三座山，就在她身旁依傍着她。而那痴心的和尚见姑娘变作山峰也不放弃，决意守在山旁，后来就死在那里，变成了瓷罗汉。后来，人们在那里修了个庙，就叫"瓷佛寺"。

这个故事也许算不得新颖别致，却为峨眉四峰平添几分灵性。静心冥想，似乎还能感到她们的笑声在山间萦绕，而山中的流云瀑布、奇花异木就真如仙女们的美艳衣裙。

其实峨眉山的形成，要追溯到6亿年前的震旦纪时期，那时这里还是一片汪洋。5亿年前的寒武纪时期，海底逐渐沉积了页岩、砂岩和石灰岩层，海水变浅。到了4亿年前的奥陶纪后期，地壳运动将岩层推向海面，从而形成了峨眉山的雏形。此后，峨眉陆地又沉入海中，直到7000万年前白垩纪时期，它才又升出海面。在上升过程中，岩层发生褶皱、变形、断裂，形成了峨眉断裂带，又经漫长的风雨剥蚀、岩层运动，才使峨眉山以其巍峨雄秀的风姿伫立在中国的西南大地。

可见，传说固然美丽，而这高拔峻秀的群山并非仙女立地成山那样瞬息而就，却经历了数亿年的沧海桑田！

峨眉山是我国四大佛教名山之一，主要是普贤菩萨的道场，所以山上寺庙以供奉普贤为主。山上建筑创建于东汉，是道教庙宇；佛教

充满神秘色彩的峨眉山

峨眉山流云

是晋初传上山的，唐、宋时期，两教并存，寺庙宫观得到发展。明代中叶道教日微，佛教渐盛；明崇祯时全山有僧侣约1700人，明、清之际，是峨眉山佛教的鼎盛时期，全山有大小寺院近百座。后来逐渐遭到破坏，民国时寺庙保存不及原来半数，现已将重要寺庙和园林修葺一新。

峨眉山还是多种动物栖息繁衍的乐园。仅蝶类就有280多种，万年寺一带还可看到70多厘米长的罕见大蚯蚓。珍禽异兽有小熊猫、苏门羚、胡子蛙、岩鸽、白娴鸡等。最吸引人的当数峨眉山的猴子，洪椿坪、九老洞和洗象池一带的猴群，它们常到路边，向游人要吃的，尾追相随，甚至抢夺食物，拿到后就活蹦乱跳，人称"猴居士"。

峨眉山，承天地之滋养，沐日月之精华，钟万物之灵秀，古来聚仙聚佛，正所谓以佛名山，又以山名佛。时至今日，虽山中风物多有损毁，但古寺名刹均修葺一新，年年时节将至时，便见香客如龙，游人如雨，普贤道场香火不衰，盛况空前，这更为峨眉山增添了神奇的魅力！

二、贡嘎山

贡嘎山位于四川甘孜藏族自治州泸定、康定、九龙三县境内，面积1万平方千米。藏语"贡为雪，嘎为白"，意思是洁白的雪峰。贡嘎山是横断山系的第一高峰，也是世界著名的高峰之一，它的主峰海拔7556米，被誉为"蜀山之王"。贡嘎山主峰及周围的山峰终年白雪皑皑，是自然界一大奇观。

以贡嘎山为中心，贡嘎山风景区由海螺沟、木格错、五须海、贡嘎南坡等景区组成。

海螺沟风景区位于贡嘎山脚下，它有三个特点：第一个特点是从山脚远望优，终年积雪不化的贡嘎雪山，气势恢宏；第二个特点是世界上冰川大都位于海拔较高处，但是在海螺沟海拔较低的地方就能望见冰川从高峻的峡谷铺泻而下；第三个特点是在这冰天雪地的冰川世界里，居然有一股温度很高的沸泉。由于冰川运动，海螺沟形成了冰石蘑菇、冰阶梯、冰刻槽、弧拱、冰珍珠湖等造型奇特、巍巍壮观的景象。

海螺沟具有亚热带和高山寒漠带的完整植物带，保存着许多第四纪的活化石，有植物4800多种，动物类400多种，是世界上少有的动植物集中地。海螺沟原始森林面积达70多平方千米，是我国古老与原始生物物种保存最多的地区之一，海螺沟同时也是世界上众多珍稀物种的聚集地。海螺沟内造型奇特的树处处皆是，有生长在大石上的，有盘结在巨石周围的，有几十种植物共同攀附生长在一棵树上的。

康定木格错景区位于甘孜藏族自治州首府康定县北部境内，离康定县成31千米，它是贡嘎山风景名胜区的一部分，由木格沟、木格错海等景点组成。木格沟景色优异，有温泉、湖泊、关门石奇峰怪石和长达8千米的叠瀑等景点。木格错海是一个面积约为4平方千米的高原湖泊，湖水最深处达70多米。湖的三面都有林木，生长着松树、高山柳和杜鹃树等。湖的周围有很多野生动植物。

贡嘎山地区是现代冰川较完整的地区，有五条大型的冰川：海螺沟冰川、燕子沟冰川、磨子沟冰川、贡巴冰川、巴旺冰川。

三、青城山

青城山位于成都西70千米处的都江堰市境内，后面是岷山雪岭，前面是广阔的川西平原，它以大面山为主峰，有36座形态各异的山峰，有108处胜景。著名作家老舍在《青蓉略记》中赞叹青城山"青得出奇"，是一种"似滴未滴，欲动未动的青翠"。青城山分青城前山和青城后山。前山景色优美，文物古迹众多；后山自然景物奇特优美。

青城山素有"洞天福地""人间仙境""青城天下幽"之誉，它是我国道教发源地之一。东汉末年，道教创始人张道陵在此山设坛传教，逐渐发展成道教圣地。道教多用三清（上清、玉清、太清）为自己的宫观命名，现存的主要人文景观有建福宫、天然图画、天师洞、上清宫等。

建福宫是游山的起点，位于青城山麓、丈人峰下。唐代称其为丈人观，宋朝改为建福宫，据说这里曾经是五岳丈人宁封子修道的地方。观内本来有很多历代名人的壁画，但后来却散失佚尽。它现在

青城山山门

共有两院三殿，都是清光绪十四年（1888年）重新修建的。宫的右边有明庆符王妃梳妆台等古迹；宫前有清澈如镜的小溪。这里曾经兴盛一时，有诗人陆游的《丈人观》为证："黄金篆书扁朱门，夹道巨竹屯苍云。崖岭划若天地分，千柱耽耽压其垠。"由此可以想见当时盛况。

"天然图画"距建福宫1000米，是清光绪年间建造的一座阁，这里苍岩壁立，云雾缭绕，绿树交映，游人至此，如置身画中，因此得名"天然图画"，"天然图画"廊亭后面是驻鹤庄，这里的乔木林中，常常有成群的丹鹤。

天师洞在"天然图画"以西，它是青城山的主庙，到青城山不能不到天师洞一游。天师洞中有"天师"张道陵及其30代孙灵靖天师

像，天师洞现存殿宇不是原来的建筑，它是在清代重新修建过的。主殿三皇殿中供着唐朝石刻三皇——伏羲、神衣、黄帝。殿内保存历代石木碑刻中最著名的有唐玄宗诏书碑等。周围有洗心池、上天梯、一线天等名胜。

上清宫始建于晋代，是青城前山最高的一座道观，现存庙宇是清同治年间修建的，上有"天下第五名山""青城第一峰"等摩崖石刻。上清宫有三亭：观日亭、神灯亭、呼应亭。在上清宫过夜，可以观赏到青城山的"日出、神幻、云海"三大自然奇景。上清宫左边有两眼奇井，这两口井一方一圆，并排而列，泉源相通，却一浑一清、一深一浅，像一对美满姻缘的夫妻朝夕相伴，因名"鸳鸯井"。宫的右边有一座池塘，传说是仙女麻姑浴丹的地方，池深数尺，水色澄清，一年四季不竭不溢，可称得上是奇迹。

青城有洞天乳酒、洞天贡茶、白果炖鸡、道家泡菜等四绝，是用道家传统秘方酿造的，风味独特，到青城山不品尝这四种特产，等于没有到过青城山。

四、西岭雪山

西岭雪山位于四川大邑县境内，距成都95千米，山顶终年积雪，千年不化。景区内最高峰庙基岭海拔5364米，高耸入天。因杜甫名句"窗含西岭千秋雪，门泊东吴万里船"而得名。据说这并非诗人的想象力，而是当时的真实写照。景区集林海雪原、高山气象、险峰怪石、奇花异树、珍禽稀兽、激流飞瀑等景观于一体，美不胜收。

据专家称，2亿年前，西岭雪山是火山多发区，这可能对西岭雪山的形成产生重要影响。鸳鸯池旁边的两个洞就是当年的火山口。鸳鸯池有可能是冰川融化后形成的湖泊。

海拔3200多米的白沙岗一带，一边是云雾迷漫，一边是蓝蓝的天，阴阳界为高原气候与盆地气候的分界线，酷似阴阳太极的构图，世所罕见。日月坪一带，日出、云海、佛光、华光等气象景观常见。景区内属亚热带湿润季风气候，四季分明，雪山的特点是山高、林密、泉清、兽奇。

西岭雪山地理条件独特，海拔

西岭雪山

从700多米跃上5000多米，气温各异，立体气候特征明显，四时之景皆有。随着游人攀登高度的变化，同一季节可览四季风光。西岭雪山景观以原始森林为依托，春天看百花，夏天观群瀑，秋天赏红叶，冬天弄冰雪。在海拔1300米～2100米的低中山区，青山叠翠，繁花似锦，而在海拔3200米以上的高山区则是银装素裹，白雪皑皑。海拔3312米的红石尖，是天然的观景台，向西可看见绵延数百里的大雪山，旭日东升时，可见"日照金山"的奇观，向东可望见一泻千里的成都平原。

西岭雪山秋天的红叶格外奇妙。这里的春花，尤其大片杜鹃，从海拔低处开到海拔高处；而秋天的红叶则相反，从高处往低处走。西岭雪山的红叶特点是杂，适合远眺，好像是一块调色板，赤、橙、黄、绿、青、蓝、紫交相辉映。

景区内原始植被保存完好，是珍稀植物的宝库，内有数百亩成片的珙桐林，有绵延数百米的高山杜鹃花，千亩万株的古桂花林。有植物种类3000多种，植被群落完整，密林掩映，森林覆盖达95%以上。

这里还是濒临绝灭的珍稀动物的保护所，大熊猫、金丝猴、牛羚、红腹角雉等国家一级保护动物达12种之多。

西岭雪山景区水源丰富，五彩瀑、豹啸泉为最佳水景。

第二十一章 西藏自治区的山脉

珠穆朗玛峰

耸峙于中国和尼泊尔交界处的喜马拉雅山主峰——珠穆朗玛峰，以其海拔8844.43米的高度当之无愧地成为世界第一峰。它峭拔冷艳，俨然如喜马拉雅山脉的一枝雪域奇葩，而关于它的神奇传说，更使它蒙上一层传奇色彩，成为古往今来藏族同胞顶礼膜拜的神山。

据说，在很早很早以前，珠穆朗玛峰附近还是一望无际的大海，而珠峰脚下是一片花草茂盛、蜂蝶成群的沃野。一天，突然来了一个五头恶魔，扬言要霸占这片水土丰饶的宝地，于是他大施淫威，把大海搅得浪涛翻滚，把森林毁坏得面目全非，花木也都摧残得散落凋零。一时间，一块富饶肥沃的土地就变得满目疮痍，乌烟瘴气。正当

这里的鸟兽走投无路、坐以待毙，草木呜咽，无计可施时，从东方飘来一朵五彩祥云，祥云变成五位慧空行者来到这里，她们施展无边法力，降服了五头恶魔，顷刻，大海变得风平浪静，沃野重又生机勃勃；鸟兽欢腾，草木比以前更加苍翠。大家对这几位仙女万分感激，众慧空行者见大功已告成，正欲归返天庭，却无奈众生苦苦哀求，乞望她们永远留下来，降福于人间，和他们共享太平。众神女见大家的要求如此恳切，而且在这段时日里也爱上了这里的众生和这片土地，于是欣然答应留下。她们喝令大海退去，使东边森林茂密，西边万顷良田，南边草肥林茂，北边牧场无垠。而后，五位仙女变成喜马拉雅山脉的五大高峰，永驻人间，其中最高的一座就是珠穆朗玛峰。

珠穆朗玛峰

珠穆在藏语中是女神的意思，朗玛是女神的名字，而珠穆朗玛则是她的简称。

当然，这只是关于珠峰的一个美妙传说，有史料记载，最早发现并熟悉珠峰的是中国藏族同胞和尼泊尔人民。成书于1346年的藏文名著《红史》曾提到"次仁玛"，指的就是珠穆朗玛峰。1717年，清朝朝廷派出测量人员在珠峰地区测绘地图，发现珠峰是世界最高的山峰。当时它被取名为"朱田朗玛阿林"，"阿林"在满语中是山的意思。同年，它被载入铜版印制的清朝《皇舆全览图》中，被改名为"朱姆朗马阿林"。952年，中国正府将县名为"珠穆朗玛"。从此，这个名称便固定下来，一直沿用至今。

正如近代人类总是试图征服地球南、北两极一样，珠穆朗玛峰这一无人世界，也以其神奇莫测的奥妙，始终是世界各地登山家、探险家和科学家心驰神往的圣地。

从西藏自治区首府拉萨乘车到日喀则，再到小城拉孜，向南翻过5000多米高的嘉错拉山，珠峰便以昂首天外的雄姿映入眼帘。珠峰北坡5154米高处的绒布寺，是世界上海拔最高的寺庙，这里也成为登山队的大本营。自这里登山，到达5400米高度处，便是一片白雪皑皑的银色世界，一条条巨大的冰川覆盖着山坡，在阳光下闪烁，呈现出美妙的蔚蓝色，十分耀眼。最令人赏心悦目的还要数绒布冰川中的一处罕见的景致——冰塔群。步入这里，就如踏进一个晶莹剔透的童话世界，又如若虚若幻地闯入神奇的梦境。只见一座座冰塔耸立，有的大似摩天大厦，有的纤细如笋，有的精巧玲珑像冰帘、冰桌、冰蘑菇……琳琅满目，绚丽多姿，令人美不胜收。这种独特的冰塔景观形成于一种"冰面的差别消融"现象，在强烈的阳光照射下，阳光照不到的一侧，冰川消融慢，形成了千姿百态的冰塔；而阳光照射的地方，则形成了冰塔之间的深沟。这些自然的巧夺天工的冰塔林，从海拔5700米处一直到6000米处，长达10多千米，堪称难得一见的天然冰雕艺术长廊。

为保护这份自然资源，1989年3月18日珠穆朗玛峰自然保护区正式成立，保护区位于喜马拉雅山北翼。珠穆朗玛峰，以及它的姊妹峰洛子峰、马卡鲁峰、卓奥友峰和希夏邦马峰，这五座海拔8000米以上的高峰并列于本区南部，构建出世界上最雄奇壮观的极高山峰，被誉为地球第三极。在雪峰之间，自西向东依次排列着贡当、吉隆、樟木、绒辖、陈塘五道峡谷。这些为河流所贯穿的喜马拉雅山谷通道，使山脉南翼的印度洋暖湿气流沿着谷地，深入到山脉北部，形成本区湿润的山地森林生态系统与干旱的灌丛草原生态系统交错分布的奇特自然景观。

保护区复杂的地形，使得区内的生物种类庞杂多样。既有生活于喜马拉雅山脉南翼温湿地区的热带、亚热带山地森林生物种类，又有生活在高原寒冷干旱地区的高旱灌丛及草原生物种类。而在当地特

山脉雪景

珠穆朗玛峰雪景

殊生态环境下分化出的特殊生物种类更使自然保护区独具一番意义。这些物种中，有相当的比例属于国家重点保护的珍稀濒危物种，诸如作为保护区标志的国家一级保护动物雪豹、野驴、长尾叶猴、喜马拉雅山羊、红胸角雉、黑颈鹤等，还有多种国家二级保护动物，如岩羊、小熊猫、黑熊、藏雪鸡等。这些珍稀可爱的动物不仅点缀了这片土地，也确立了珠穆朗玛峰在自然保护区中的重要地位。

没有人类活动的痕迹，无论多么绝美的景致，也无论多么丰饶的自然资源，也总会让人觉得过分孤寂，而保护区内比比皆是的人文景观又无疑使这里更富有生气。

近年来，由于交通的日益便利，也由于现代人越来越渴望逃离喧嚣的都市，拥抱蔚蓝的晴空，重返自然的怀抱，在紧张纷杂的都市生活中寻得片刻喘息，青藏高原也就越来越受到中外游客的青睐，被视作一块神秘的净土，成为新兴的旅游热点。在草原的帐篷里小憩几日，品尝一下酥油茶的芳香，青稞酒的醇清，感受高原牧民的旷达豪爽，实在是别有一番情趣！

第二十二章　台湾省的山脉

阿里山

　　阿里山是阿里山脉中心群峰的总称，坐落在台湾东北。阿里山脉北起鼻头角，向南偏西方向延伸，总面积14平方千米。阿里山山脉大部分由第三纪红砂岩和页岩构成，两侧山麓有明显的断裂带。东侧有一系列断层线与断带同雪山山脉、玉山山脉相隔，浊水溪河谷的断层又将阿里山分隔为南、北两段，北段又叫加里山脉。阿里山脉的大部分海拔在1000米～2000米之间，阿里群峰包括百水山、大武峦山、尖山、祝山、塔山、万岁山、对高山等，其中最高峰为大塔山，海拔2663米。

　　相传，很久很久以前，这里的高山族的一位酋长阿巴里，经常率领族人到这里的深山打猎，使族人过上了美好的生活。族人们都很尊敬他。他去世后，族人为纪念他，就用他的名字为这座山命名，而包括阿里山在内的台湾最西边的那条山脉，也就被命名为阿里山山脉。

　　阿里山名字的由来还有一种说法，阿里山中的"阿里"二字，原意是出酒或卖酒之地。看来，这里从前是出酒比较多的地方。不过今天人们赞美阿里山，已经不再因为这里有酒，而是因为这里景物奇异，气象万千，风光明媚，美不胜收。人们赞美阿里山，集中赞美"阿里山三大奇观"，即阿里山的林海、云海和日出，其中阿里山云海被列为台湾八景之一。

　　享有"森林之海"美誉的台湾，是中国森林覆盖率最高的一个省区，全岛分布着许多林场和森林游乐区，阿里山是台湾三大林场之一，森林面积近300平方千米，有台湾"森林宝库"之称。

阿里山由于地势高低相差悬殊，从山顶到山下气温相差很大，要经过热带、亚热带、温带、寒带的四种林带地区，各带都生长着不同的奇花异树，有几十余种。在海拔760米的独立山以下的地区，生长的是热带树，其种类有龙眼、榕树、木棉、麻栗、相思树等；在海拔1700米的平遮那以下，生长的是暖带树，其种类有槠、柯、楠、乌心石等，主要是常绿阔叶树；从海拔1700米以上到3000米，生长的是温带树，树木有扁柏、红桧、姬松、亚杉和铁杉等长绿针叶树；海拔3000米以上的地区生长的是寒带树，树木有唐桧、冷杉等。在各种树木中，最有名的有红桧、扁柏、亚杉、铁杉和姬松等五种，人称之为"阿里山五大木"。

阿里山建有森林公园，林木繁茂，景色宜人。园内有一棵树龄超过3000年的巨大红桧树，高约53米，树围20多米，若想用两臂合拢它，要15名壮汉手牵手才能围它一周。这棵树被称为"阿里山神木"，人们在老远的地方就可看到它傲然而立，十分雄伟。只是由于树高，树顶被雷电烧毁。"神木"的东南方，还有一棵高40米，树龄1900余年的千年桧，由于它生长于汉光武年间，故而又被称之为"光武桧"。

阿里山上另一棵有名的奇树是称为"三代木"的红桧。这"三代木"在阿里山宾馆附近，博物馆到峦山之间，那里古树参天，奇石山径，其间可见横卧地上的枯树干上又生一树，绿叶满枝，它便是三代木。横卧的枯树为第一代，树龄已逾千年；第一代枯死隔了250年，又生出第二代，也已根老壳空，残存的树干生出的是第三代，枝叶繁茂，青翠挺拔，高达一丈。如此"三代同堂"，树中生树，枯而复苏，实属世间罕见之奇树。

此外，据最新发现，如今在阿里山上以年龄称雄的已不是"神木"或"三代木"，而是由溪头到阿里山途中的一棵"眠月大神木"，也是红桧，树龄有4100多年。据说这是世界上活得最久的、最大的一棵红桧。

阿里山古木奇树已令人称奇，而山上壮丽非凡的云海，更是叫人赞叹不已。阿里山云雾皆多来自海洋的暖湿气流沿山坡上升，遇冷凝结成云雾，阿里山正处于云雾形成的高度，所以全年雾日多达250余天。每当黄昏云归之时，白云从山谷涌起，迎风飘然，把山谷和林海遮得若隐若现，白云山峰，林涛阵阵，遥望足下，仿佛是一片白浪翻滚的海洋，这种奇观可以说是阿里山所特有的。有位叫李传文的先生在《日出、云海、阿里山》一文中这样描绘阿里山云海之美景：

阿里山的早晚，漫天漫野，满壑满谷，填满了浓雾，一片混沌，似天地未辟，人在其中，有飘飘若仙之感。白云层层，弥漫山谷，晃漾飘浮，波涛起伏，把山谷遮得若隐若现，一瞬万变，使人捉摸不定。人立山峰，遥望足下云海，缥缈虚空，山峦、树丛有如海上仙山，使人有云生足下，羽化登天，如身在广寒宫之感。在斜日余晖下，烟云浩渺，翠峰碧涧，蔚为奇观的晚霞，如雨后的彩虹一样艳丽，只是将半规放直，条幅放宽，一抹红，

一簇紫，一团黄，一层绿，一团青，层叠交织，璀璨光明。夕晖云色，千变万化，令人沉醉。

阿里山令人向往的另一奇观，是从祝山峰顶遥看日出。黎明时分，登临祝山山顶的观日楼，可见远远的邻山——玉山，在微弱的晨曦中逐渐显现出来的奇景。很多人为一睹阿里山日出，自凌晨跋涉登山，从星斗满天的暗夜，等到月淡星稀的拂晓。初时，晨星点点在望，山涛呼号于峡谷，而东方天空由蓝黑逐渐转为淡青。当东方微露一抹红晕，若淡若无时，玉山的周围似乎被镶上一条金边，逐渐由窄变宽，接着天空似被人泼染成一片绯红，天际出现一弧，红胜琥珀。刹那间，朝阳自玉山主峰蓦然腾空而起，于是一道道橘黄、绯红、金黄色的彩霞出现在天空。几分钟后，光芒四射的朝阳大红火球般浮悬天空中，照耀青山翠谷，气象万千，整个大地从沉睡中苏醒。而观望日出的人却似乎被刚才的美景迷醉得若痴若狂。

除了三大胜景，姐妹潭亦可算阿里山的一处景观。因为此潭有大

小两处，故有姐妹潭之称。两潭相距不远，小潭常显干涸状态，大潭长年有水，有湖光山色之美。河中有凉亭，供游人休息，原木为柱，芳草为顶，古色古香，人们坐在亭中，面对湖水，山青水香，令人心旷神怡。

阿里山主峰附近的慈光寺，是一座建筑古朴的佛寺，寺内颇多奇花异树。正殿供奉着1918年泰国国王所赠的释迦牟尼佛像。此外，这里面临深谷，是观赏阿里山云海的最佳处。建于1936年的树灵塔是为了伐木时安定树灵、并祀其魂而立的纪念碑。

阿里山上还有高山植物园、高山博物馆等名胜。植物园内种有数千种不同气候带的植物，俨若一个大的植物宝库。而高山博物馆内则陈列着各种高山鸟兽草木标本，矿物化石标本，高山族同胞的服饰用具，以及阿里山的开发史料，阿里山的地理模型等。徜徉于其中，会使人大开眼界，别有一番情趣。

登阿里山，主要靠登山铁路，从海拔30米的嘉义到海拔2274米的阿里山沼平火车站，全长仅72千米，其间有77座桥梁，50座隧道，它蜿蜒于崇山翠谷之间，沿线怪石峥嵘，古木参天，盘亘山岭，峰回路转，车行途中，有如游龙在云雾中穿行，有时又像山蛇于峻岭中爬行，似进若退，惊险万状，也被称为阿里山一大奇观。乘火车沿登山铁路下山，沿途风光也十分引人入胜。在阿里山登山铁路两侧，分布着奋起湖、太和、茄冬仔、水社寮、瑞里、草岭等风景点，各有特色。

奋起湖是阿里山铁路的中途站，原名粪箕湖，因该处地势颇似粪箕而得名。附近有四方竹、欲仙坪、鸳鸯洞、义母树、土星石、石狮象、树石盟、化翼树、灵枯树等胜景。其东南方的大冻山，原名粪箕山，海拔1976米，登临山巅的观日峰，可观览日出奇景。

从奋起湖车站北走15千米左右，可达太和风景区，这里有著名的蛟龙大瀑布、卧船洞、仙人洞、花岗水帘洞等洞穴，以及石梦谷、回音谷、仙墨盘、九芎瘤、圣观音峰等胜景。其中蛟龙大瀑布，瀑分四层，水量充沛，瀑布从海拔1600米的塔山群北部泻下，沿着峭壁，分层而

下，最后直泻瀑底深渊，声势浩大，响声如雷，200米之内不敢近前。

瑞里风景区地处阿里山山脉的边缘地带，这里丘陵起伏，峰密苍翠，瀑布溪流分布其间。到处山花野果，虫语燕鸣，奇趣盎然。这里的云潭大瀑布，景色壮观。千年蝙蝠洞排列着大小数千个天然石洞，绵延3000多米，每天晚上都有数千只蝙蝠在洞中宿夜，并作出有规则的排列，十分奇特。燕子崖则是一块巨大的、具有天然缝隙的石壁，成千上万的燕子栖息在缝隙中。此外，这里的百果园、青年岭、情人桥、双溪瀑布等景，也各有特色，令人流连忘返。

从阿里山铁路的竹崎车站下车，沿阿里山丘陵公园南走10千米，还有一处令人仰慕的著名胜迹——吴凤庙。它是纪念为破除迷信、革除陋习而以身殉职的义士吴凤而建的香火庙，吴凤后来被人们尊称为"阿里山之神"。吴凤是福建平和县人，生于清康熙三十八年（1699年），小时候随父亲到台湾，住在诸罗县（今嘉义）鹿麻庄，一面开荒种地，一面同阿里山土著民族交往，很快学会他们的语言，熟悉他们的习俗，24岁时当上阿里山通事，为土著民族办了许多好事，赢得他们的尊敬。他亲眼看到台湾的汉人有的欺骗当地土著居民，引起他的反感，而当地土著民族又有一种怪俗，即每年都要用人头来祭鬼神，这样他们就得出去猎取人头，而猎取人头又常以汉人为对象。吴凤一边劝说汉人同土著民族交易时要公平，不可欺骗他们，另一边又劝说土著民族改掉猎取人头的陋习。几经劝说，都不奏效，最后吴凤为革除旧习，感动百姓，于乾隆三十四年（1769年）8月10日，故意让人误杀自己，以死劝慰百姓结束馘首之风，当年的吴凤已经71岁高龄。这一行动使阿里山部落百姓终受感动，馘首之风宣告结束。后人为纪念他的舍身劝化之功，立碑建庙，每年都为他举行祭礼。

吴凤庙虽规模不大，但游客众多，香火不绝。附近还建了吴凤公园。公园内奇瑰美艳的花卉点缀着亭台池塘，喷泉附近的藤架上蔓藤攀径，整个公园清丽幽雅，独具一格。